新农村建设百问系列丛书

膨化饲料配制及使用技术 100 问

湖北省新农村发展研究院（长江大学） 主编

郜卫华　许巧情　曹志华　编著

U0381008

中国农业出版社

作 者 简 介

郜卫华，1977年出生，博士研究生，从事水产动物营养生理学、水产动物营养与免疫学以及环境营养学研究，主讲水产营养与饲料、池塘养殖学等课程。

许巧情，1976年出生，博士研究生，教授，从事水产动物营养与免疫、流行性疾病诊断及分子免疫学研究。主持国家自然基金、湖北省自然基金以及其他各类科研项目10余项，撰写专著1部，参编教材及书籍4本，发表论文50余篇，其中SCI刊源论文10余篇。荣获长江大学首届优秀青年教师、教学优秀质量奖、优秀女职工、优秀共产党员、"十二五"科研百人计划等多项荣誉称号。

曹志华，副教授，从事水产动物营养学研究，有十多年教学经验。

新农村建设百问系列丛书

编　委　会

让更多的果实"结"在田间地头

（代　序）

长江大学校长　谢红星

众所周知，建设社会主义新农村是我国现代化进程中的重大历史任务。新农村建设对高等教育有着广泛且深刻的需求，作为科技创新的生力军、人才培养的摇篮，高校肩负着为社会服务的职责，而促进新农村建设是高校社会职能中一项艰巨而重大的职能。因此，促进新农村建设，高校责无旁贷，长江大学责无旁贷。

事实上，科技服务新农村建设是长江大学的优良传统。一直以来，长江大学都十分注重将科技成果带到田间地头，促进农业和产业的发展，带动农民致富。如黄鳝养殖关键技术的研究与推广、魔芋软腐病的防治，等等；同时，长江大学也在服务新农村建设中，发现和了解到农村、农民最真实的需求，进而找到研究项目和研究课题，更有针对性地开展研究。学校曾被科技部授予全国科技扶贫先进集体，被湖北省人民政府授予农业产业化先进单位，被评为湖北省高校为地方经济建设服务先进单位。

2012年，为进一步推进高校服务新农村建设，教育部和科技部启动了高等学校新农村发展研究院建设计划，旨在通过开展新农村发展研究院建设,大力推进校地、校所、校企、校农间的深度合作,探索建立以高校为依托、农科教相结合的综合服务模式,切实提高高等学校服务区域新农村建设的能力和水平。

2013 年,长江大学经湖北省教育厅批准成立新农村发展研究院。两年多来,新农村发展研究院坚定不移地以服务新农村建设为己任,围绕重点任务,发挥综合优势,突出农科特色,坚持开展农业科技推广、宏观战略研究和社会建设三个方面的服务,探索建立了以大学为依托、农科教相结合的新型综合服务模式。

两年间,新农村发展研究院积极参与华中农业高新技术产业开发区建设,在太湖管理区征购土地 1 907 亩,规划建设长江大学农业科技创新园;启动了 49 个服务"三农"项目,建立了 17 个多形式的新农村建设服务基地,教会农业土专家 63 人,培养研究生 32 人,服务学生实习 1 200 人次;在农业技术培训上,依托农学院农业部创新人才培训基地,开办了 6 期培训班,共培训 1 500 人,农业技术专家实地指导 120 人次;开展新农村建设宏观战略研究 5 项,组织教师参加湖北电视台垄上频道、荆州电视台江汉风开展科技讲座 6 次;提供政策与法律咨询 500 人次,组织社会工作专业的师生开展丰富多彩的小组活动 10 次,关注、帮扶太湖留守儿童 200 人;组织医学院专家开展义务医疗服务 30 人次;组织大型科技文化行活动,100 名师生在太湖桃花村举办了"太湖美"文艺演出并开展了集中科技咨询服务活动。尤其是在这些服务活动中,师生都是"自带干粮，上门服务"，赢得一致好评。

此次编撰的新农村建设百问系列丛书，是 16 个站点负责人和项目负责人在服务新农村实践中收集到的相关问题，并对这些问题给予的回答。这套丛书融知识性、资料性、实用性为一体，应该说是长江大学助力新农村建设的又一作为、又一成果。

我们深知，在社会主义新农村建设的伟大实践中，有许多重大的理论、政策问题需要研究，既有宏观问题，又有微观问题；既有经济问题，又有政治、文化、社会等问题。作为一所综合性大学，长江大学理应发挥其优势，在新农村建设的伟大实践中，努力打下属于自己的鲜明烙印，凸显长江大学的影响力和贡献力，通过我们的努力，让更多的果实"结"在田间地头。

2015 年 5 月 16 日

目 录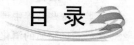

一、水产膨化饲料

1. 我国水产业发展有什么特点?

水产饲料数量发展的市场空间必须依赖于水产养殖数量的增加。《中国渔业统计年鉴》分析了我国 2004 年以来水产品总量和水产养殖数量的变化情况（表 1-1）。水产品总量在 2014 年已经达到 6461.5 万吨,为世界水产品总量的 70% 左右。从数量上看,我国水产品总量已经达到很高的水平。

表 1-1　2004—2014 年全国水产品总量和养殖总量

年份	水产品总量（万吨）	养殖数量（万吨）			养殖年递增量（万吨）		
		淡水	海水	养殖总量	总量	淡水	海水
2004	4 246.6	1 632.5	1 151.3	2 783.8			
2005	4 419.9	1 733.0	1 210.8	2 943.8	160.0	100.5	59.5
2006	4 583.6	1 853.6	1 264.3	3 117.8	174.0	120.6	53.4
2007	4 747.5	1 971.0	1 307.3	3 278.3	160.5	117.4	43.1
2008	4 895.6	2 072.5	1 340.3	3 412.8	134.5	101.5	33.0
2009	5 116.4	2 216.5	1 405.2	3 621.7	208.9	144.0	64.9
2010	5 373.0	2 346.5	1 482.3	3 828.8	207.2	130.1	77.1
2011	5 603.2	2 471.9	1 551.3	4 023.2	194.4	125.4	69.0
2012	5 907.7	2 644.5	1 643.8	4 288.3	265.1	172.6	92.5
2013	6 172.0	2 802.4	1 739.2	4 541.6	253.3	157.9	95.4
2014	6 461.5	2 935.8	1 812.6	4 748.4	206.8	133.4	73.4

资料来源:根据 2003—2015 年《中国渔业统计年鉴》统计。

从表中 1-1 中可以看出,2004 年到 2014 年的 10 年期间,年递增量为 134 万～265 万吨,其中,淡水养殖年递增量为 100

万～173 万吨，海水养殖年递增量为 33 万～96 万吨，淡水养殖的年递增量大于海水养殖。

根据 2015 年《中国渔业统计年鉴》，按当年价格计算，全社会渔业经济总产值 20 858.95 亿元，实现增加值 9 718.45 亿元；其中渔业产值 10 861.39 亿元，实现增加值 6 116.69 亿元；渔业工业和建筑业产值 4 875.30 亿元，实现增加值 1 779.39 亿元；渔业流通和服务业产值 5 122.26 亿元，实现增加值 1 822.38 亿元。

渔业产值中，海洋捕捞产值 1 947.97 亿元，实现增加值 1 142.31 亿元；海水养殖产值 2 815.47 亿元，实现增加值 1 608.45 亿元；淡水捕捞产值 428.51 亿元，实现增加值 254.49 亿元；淡水养殖产值 5 072.58 亿元，实现增加值 2 801.66 亿元；水产苗种产值 596.87 亿元，实现增加值 309.78 亿元。

全国水产品总产量 6 461.52 万吨，比上年增长 4.69%。其中，养殖产量 4 748.41 万吨，占总产量的 73.49%，同比增长 4.55%；捕捞产量 1 713.11 万吨，占总产量的 26.51%，同比增长 5.08%。

总产量中，海水产品产量 3 296.22 万吨，占总产量的 51.02%，同比增长 5.01%；淡水产品产量 3 165.30 万吨，占总产量的 48.98%，同比增长 4.36%。

海水养殖产量 1 812.65 万吨，比上年增加 73.40 万吨，增长 4.22%。其中，鱼类产量 118.97 万吨，比上年增加 6.61 万吨，增长 5.88%；甲壳类产量 143.38 万吨，比上年增加 9.35 万吨，增长 6.98%；贝类产量 1 316.55 万吨，比上年增加 43.75 万吨，增长 3.44%；藻类产量 200.46 万吨，比上年增加 14.78 万吨，增长 7.96%。海水养殖鱼类中，大黄鱼产量最高，为 12.79 万吨；鲆鱼产量位居第二，为 12.64 万吨；鲈鱼产量位居第三，为 11.38 万吨。

淡水养殖产量 2 935.76 万吨，比上年增加 133.32 万吨，增长 4.76%。其中，鱼类产量 2 602.97 万吨，比上年增加 121.23 万吨，增长 4.89%；甲壳类产量 255.97 万吨，比上年增加 13.03 万吨，增长 5.36%；贝类产量 25.12 万吨，比上年减少 4 600 吨，降低 1.78%。淡水养殖鱼类产量中，草鱼最高，537.68 万吨；鲢鱼位居第二，422.60 万吨；鳙鱼位居第三，320.29 万吨。甲壳类产量中，虾类产量 176.32 万吨，其中，南美白对虾和青虾养殖产量分别为 70.14 万吨和 25.76 万吨；蟹类（专指河蟹）产量 79.65 万吨，同比增长 9.14%。贝类产量中，河蚌产量 9.25 万吨。其他类产量中，鳖产量 34.13 万吨，比上年减少 2 500 万吨，降低 0.71%；珍珠产量 1 900 万吨，同比降低 0.20%。

海洋捕捞（不含远洋）产量 1 280.84 万吨，比上年增加 16.45 万吨，增长 1.30%。其中，鱼类产量 880.79 万吨，比上年增加 9.03 万吨，增长 1.04%；甲壳类产量 239.57 万吨，比去年增加 11.02 万吨，增长 4.82%；贝类产量 55.16 万吨，比上年增加 0.41 万吨，增长 0.74%；藻类产量 2.43 万吨，比上年减少 3 700 万吨，降低 13.33%；头足类产量 67.67 万吨，比上年增加 1.24 万吨，增长 1.87%。海洋捕捞鱼类产量中，带鱼产量最高，为 108.42 万吨，占鱼类产量的 12.31%；其次为鳀鱼，产量为 92.64 万吨，占鱼类产量的 10.52%。

淡水捕捞产量 229.54 万吨，比上年减少 1.20 万吨，降低 0.52%。其中，鱼类产量 167.35 万吨，比上年增加 1.22 万吨，增长 0.74%；甲壳类产量 32.77 万吨，比上年减少 1.29 万吨，降低 3.79%；贝类产量 26.33 万吨，比上年减少 8 900 万吨，降低 3.30%；藻类 256 吨，比上年减少 9 吨，降低 3.40%。

2. 我国水产饲料工业发展有什么特点？

（1）水产饲料的稳健发展仍然是水产养殖产量提升的重要支

撑。2011 年全国水产饲料总产量约 1 684 万吨，同比增长 12.1%。行业集中度低、经营分散的现状没有实质性的改变，虽然行业集中度仍然不高，但部分品种集中度提高飞快，虾料行业尤为突出，已经形成海大、恒兴、粤海三足鼎立的寡头竞争格局，三大集团的销量达到虾饲料行业 65% 以上。鱼饲料板块尽管涌现了几家产销量过百万吨的大型企业集团，但总体集中度相对较低，前 20 名规模化水产饲料企业的总产销量还不到鱼饲料总量的 50%。

（2）单一经营水产饲料的企业依然占绝对主导地位。随着行业的发展，传统的赊销与客情竞争手段退居次要地位。部分优秀的厂家对养殖模式与养殖技术方案高度关注，通过产业链条的延伸提高竞争力和市场占有率，部分企业开始尝试全产业链模式。该模式要求更高的管理能力和资金实力，部分企业坚持不懈地在努力，想通过上市来解决融资问题。因此，新的经营模式要得到健康发展和行业普及需要一个过程，目前单一经营水产饲料的企业依然占绝对主导地位。

（3）传统淡水养殖品种依然是使用饲料的主力军。传统淡水养殖品种中的草鱼、鲫鱼、鲤鱼、罗非鱼、鳊鱼、青鱼依然是使用饲料的主力军，约占水产饲料 80% 的市场。大部分厂家做的最多的还是以上这些常规品种，更容易上量一些。不同品种之间差异较大，2011 年因草鱼价格较好，在华南区域，养殖草鱼的积极性非常高，草鱼养殖模式有较大改进，饲料总量有一定的增长，北方鲤鱼价格理想，收益也相当可观。主养罗非鱼的南方区域因 2011 年下半年鱼价一直萎靡不振，加上疫情不断，养殖投喂积极性不高，导致罗非鱼饲料总量有一定比例下降。而且罗非鱼主要受限于出口，出口加工产能过剩，出口企业无自主销售渠道，导致罗非鱼整体抗风险能力比较低。

受益于人们对对虾旺盛的消费，2011 年我国对虾已成为一个净进口国，全年消耗对虾总量 150 万吨。2011 年我国的对虾出口再创新高，出口量达到 23.1 万吨，同比增长 7.0%，出口额达 18.9 亿美元，同比增加 22.9%，但出口企业的利润空间反而变窄。华南市场受立春以来持续低温天气的影响，造成成活率较低，珠三角区域全年养殖成功比例约 3.5 成，相比 2010 年有一定下滑；华东市场则继续推广大棚养虾模式，有一定的进步。2011 年全国虾料总量约 125 万吨，主要集中在华南、长三角一带，在华南市场，一些虾料企业结合不同地区的养殖情况研究并主推健康养殖配套模式，用户盈利高达 8 000～10 000 元/亩*。鱼虾混养技术犹如龙卷风一样，席卷而来的单一淡水鱼虾混养演变为海水鱼虾混养、淡水鱼虾混养等多种形式，尤其在以浙江群体为主的一部分养殖户中推行迅猛，对虾料市场也有一定的补充。

（4）膨化饲料发展极为迅猛。2011 年是膨化饲料发展极为迅猛的一年。全国约新增膨化线 45 条，且一些厂家开始上产量大的膨化线，南方所有厂家在高峰期间基本都处于供不应求状态。常规品种罗非鱼、草鱼是膨化饲料绝对量增长最多的两个品种，草鱼转用膨化饲料更成为行业的趋势，部分市场并且采用膨化饲料、沉水饲料相结合投喂的方式来更好地表达饲料效果，罗非鱼膨化饲料中部分市场已经高达 75% 左右的市场占有率。部分海水鱼和高档淡水鱼中的许多品种基本已全部实现了膨化饲料养殖（海鲈、金鲳、黄鳝、乌醴、蛙、黄颡、白鱼），海水鱼中的海鲈、金鲳两个品种增长最为迅速，在海水鱼饲料销量大幅增长。除广东和福建外，江、浙市场是膨化饲料快速普及的第二个重要市场。黄颡鱼、白鱼、青鱼饲喂膨化饲料已非常普及，而草鱼膨化饲料中江、浙市场日益流行，快速推进。部分厂家厉兵秣马，伺机以待，欲抢占该市场高档鱼饲料品种。

海水鱼养殖除海鲈、金鲳使用饲料外，其他大部分品种使用饲料比例仍然十分有限，许多地区目前仍以使用冰鲜为主。随着陆地养殖面积的萎缩和国家对海洋的开发，一些大型的海水鱼养

---

* 亩为非法定计量单位，15 亩＝1 公顷。——编者注

殖公司和深水网箱养殖的群体陆续出现，散养逐步会被淘汰，集中度进一步提高，海水鱼膨化饲料后期还有很大的发展空间。

粉料依然局限于鳗鱼、甲鱼、河豚为主，所占市场份额相对较小，被企业关注也较少。主要销售市场以福建、广东居多，华中地区部分有售。

（5）水产饲料销售市场竞争激烈。2011年广东省、江苏省、湖北省水产饲料总产量分别约为320万吨、230万吨、170万吨，占到全国水产饲料总量的46％以上，连续多年前三甲的水产饲料地位依然不可动摇，这三个市场也正成为水产饲料企业兵家必争之地。

相比畜禽饲料而言，水产饲料表现的更加节粮、高效、环保，在人类粮食日益紧张的情况下有更大的发展空间。从全国水产市场来看，水产饲料发展还有较大的空间，这一块竞争还不够激烈。首先华中市场养殖水面大，部分地区饲料普及率不够，在部分企业引导下，随着养殖模式和技术的提升，单位水面的饲料投喂率仍有较大提升空间；其次广东省、福建省、江苏省等沿海一带有较大的发展空间，还有大量的滩涂可以有效利用起来，海水鱼和对虾饲料开发空间巨大；而且北方的山东省、河北省、天津市、辽宁省等沿海省份水产饲料普及率较低，无论淡水、海水饲料的开发空间都还很大，但需要一个过程。

（6）未来水产饲料发展还有很大的市场空间。近年来企业对水产饲料也提出了更高的要求，既要面对市场的激烈竞争，还要面对原来市场的起伏波动。这样对技术提出了更高的要求，要结合不同地区的实际养殖模式，要针对不同的市场细分，要做得更加精细化。但全国水产养殖品种众多，不同种类有不同的属性，诸多品种的消化生理特点差异较大，而且水产养殖受水体环境影响太大，对水产营养与饲料的研究则必须跟得上，否则必将制约行业的发展。

虽然形势严峻，但亮点依然不断闪现，鱼虾混养技术在沿海省份日益普及，是低投入、收益稳定的良好生态养殖模式，并且该模式开始从最早的半咸水区域逐渐向内地淡水养殖区域辐射，已成为一种旱涝保收的模式。2011年华南东海岛对虾小面积高位池高密度独立进排水的养殖模式，会在特定区域成为养殖户致富的一种保障，更将成为水产饲料企业上量的一种绝佳方式。

由表1-2可知，2011年中国水产饲料已经达到1684万吨，占全国饲料总量的比例为9.31%左右。2007年以来，全国饲料总量的年递增量达到1100万～1900万吨，年递增率达到8%～11%。2007年以来，水产饲料年递增量16万～210万吨，年递增率为1.21%～12%。

表1-2 2007—2011年水产饲料数量总结

年份	全国饲料（万吨,%）			水产饲料（万吨）		
	总量	年递增量	年增长率	总量	年递增量	年增长率
2007	12 331	1 272	11.50	1 326	46	3.59
2008	13 700	1 369	11.10	1 342	16	1.21
2009	14 800	1 100	8.03	1 426	84	6.26
2010	16 200	1 400	9.46	1 474	48	3.37
2011	18 100	1 900	11.5	1 684	210	12.1

资料来源：根据2007—2012年《中国饲料工业年鉴》统计。

表1-2数据表明，与全国饲料总量、水产养殖量的增长速度相比较，水产饲料的增长速度和增长量还很低，未来水产饲料的发展还有很大的市场空间；在水产养殖中水产饲料的使用率还很低，有很大部分水产品增量是没有使用水产饲料而获得的，如何普及水产饲料的使用率既是一项技术推广工作，也是未来水产饲料发展的巨大市场空间。中国水产饲料的发展潜力很大。

3. 我国水产饲料的研究始于何时？

我国水产动物营养研究起步较晚，直到20世纪80年代，国家才把水产动物营养与饲料配方研究列入国家饲料开发项目，比发达国家足足晚了 40 年。自"六五"至今，国家和地方通过立项攻关，相继开展了主要养殖鱼类、虾、蟹营养学和饲料配方、水产动物饲料质量检测、饲料配制等技术的研究，取得了如下几方面的主要成果：

（1）探讨了我国主要养殖水产动物不同发育阶段的蛋白质和部分氨基酸、脂类及脂肪酸、碳水化合物，以及部分维生素和微量元素的需要量和配合饲料的主要营养参数，为实用饲料的配制提供了理论依据。

（2）对部分经济养殖水产动物的消化生理进行了研究，尤其是针对消化酶的研究比较深入。查清了我国水产养殖饲料源和常用原料的营养价值，测定了我国主要饲料原料的能量和营养素的消化率，这是科学选择饲料原料和配制人工饲料的基础资料。

（3）研制了一批渔用饲料添加剂及预混料、水中稳定型维生素 C 衍生物、氨基酸与微量元素络合物、各种酶制剂和活菌剂等，增加了低值饲料资源作为水产养殖动物的饲料源，为扩大饲料源、提高饲料品质提供了保障。

（4）制定了水产饲料的质量检测和饲料生物学综合评定技术标准，建立了一批国家、省部级渔用饲料检测机构，使渔用饲料生产走上了正规化。

（5）研制出主要养殖淡水和部分海水种类的人工配合饲料。同时，通过引进国外先进设备和自主开发，建立了一批具较高生产能力的水产饲料生产线，使我国的水产饲料产量逐年上升，增长幅度远超过畜禽饲料。2011 年我国的水产饲料生产总量已达到 1684 万吨，占饲料工业总产量的 9.3% 左右。

（6）科技开发队伍不断壮大，已经建立了几个有相当规模和水平的水产动物营养与饲料研究实验室。通过多种形式的国内外学术交流，加强了研究机构与企业的交流和合作。

4. 水产饲料发展亟待解决什么问题?

我国水产动物营养与饲料研究虽然取得了一定的成绩,但因起步晚、研究基础薄弱,且政府的投入十分有限,导致我们无论在应用基础研究,还是在饲料的研制开发方面都远远落后于发达国家。有关水产动物营养机理、营养需要、添加剂、营养与健康、营养与环境等方面的研究还不够深入,并存在许多未知领域。到目前为止,我国大面积的水产养殖业并没有使用营养平衡的人工配合饲料,开口饲料和幼鱼饲料尚未过关,仍需从国外或我国台湾省进口。能适应不同生长阶段的高效系列人工配合饲料的产量与市场需求差距较大。由于我国水产饲料的针对性不强,营养搭配欠合理,营养不全面,质次价高,加上生产者落后的传统观念,每年直接用于水产养殖的饲料原料高达 3 000 多万吨、鲜杂鱼 400 多万吨。这是对我国资源的巨大浪费,并会造成局部环境的恶化,从而诱发病害的发生和流行,威胁到我国水产养殖产品的安全和水产品贸易。

据统计,2014 年我国水产养殖的种类和产量中,海水养殖产量 1 812.6 万吨,淡水养殖产量 2 935.8 万吨,两者共计 4 748.4 万吨。如果全部使用人工配合饲料,平均饲料系数按 1.5 计算,则我国水产饲料目前的市场潜力高达 7 122.6 万吨。假定自然灾害和病害的平均损失按 30% 计算,实际市场空间约 5 000 万吨,即便我国水产饲料实际生产总量有 2 000 万吨,市场缺口仍然很大。我国目前水产品产量每年 2% 的增长全部来源于养殖产量,并且随着水产养殖生产水平和环保意识的提高、相关法规的逐步完善,以及冰鲜杂鱼资源量的急剧减少,采用配合饲料养殖的比例预期将增加到 35% 以上,因此在未来的五年当中,我国水产饲料的发展将是任重道远。

我国水产饲料研究领域存在的主要不足和亟待解决的主要

问题：

（1）研究目的针对性和时效性差。研究内容与实际养殖生产需解决的问题相脱轨，或基础研究往往滞后于生产发展。需要在政府的支持和协调下优化资源配置，加强产学研的强强联合，建立"实验室—饲料企业—养殖场—实验室"的科研模式，将水产养殖和饲料生产过程中发现的问题及时反馈至实验室，进行有针对性的科学试验，来解决生产实际问题，同时可确保科研成果及时产业化，提高饲料乃至水产品的竞争力。

（2）研究方法不规范，手段相对简单，不能完全准确地解释、解决水产养殖过程中出现的问题。实验设计不合理、配方不恰当、重复数不足、实验周期短，均为影响获得正确实验结果的因素，导致实验数据的可信度、可比性、学术价值及应用价值都不高。

（3）研究内容不够系统，不能全面地揭示主要水产代表动物各个生长阶段的营养需要。应进一步深入研究我国主要水产代表动物的营养生理、代谢及相关机制问题，特别是各种营养元素之间的相互关系、微量营养素的功能与定量需要等问题。研究结果可以为不断修正完善营养需要，研制各种低成本高效实用饲料提供可靠的理论依据。同时要加强对仔稚鱼、稚虾、稚贝的营养生理、微颗粒饲料加工工艺等难点问题的研究，研制营养平衡、易被消化吸收、不污染水质和在水中保持与天然饵料生物相似物理和化学特性的优质开口饵料。

（4）加强生产绿色水产品的应用基础研究。饲料本身的安全是生产绿色水产品的基础，饲料的安全不仅仅关系到养殖生态环境的安全，养殖对象的安全和生产效率更会影响人类的安全和健康。所以，除了要全面了解水产动物的营养生理、营养代谢等相关机制外，还要研究养殖环境对动物营养需要的影响、营养与机体免疫力和抗病力之间的关系，尤其是采用营养学方法来消除或缓解集约化养殖条件下环境胁迫对动物的负面影响等。通过优化饲料配方、新型绿色添加剂的研制、改进饲料加工工艺，开发出低污染饲料，减轻养殖自身的污染，改善体色和肉质，提高水产品的商品和食用价值。

（5）加大新型饲料源的开发力度，以缓解蛋白质饲料的短缺。由于鱼粉等优质蛋白源日益缺乏，价格不断上扬，应用新的基础理论和研究成果开发新蛋白源是一个亟待解决的重要课题。相对动物蛋白而言，我国的植物蛋白源、单细胞蛋白资源比较丰富，来源更为广泛，价格相对低廉，是替代鱼粉的良好蛋白源。但是，我们不能仅限于"用一种饲料替代另一种饲料"的研究，而是要通过对水产动物蛋白质代谢与调控机理的研究，以及各种饲料的营养互补的关键技术开发，突破制约水产业发展的饲料蛋白源短缺的瓶颈。

5. 膨化饲料的主要优点是什么？

膨化是将粉状饲料（含淀粉和蛋白质）经水热调质或不经调质后，送入膨化机内，在机械力的作用下，升温，增压，然后挤出模孔，骤然降压，其内水分子迅速汽化，使物料膨胀，变成多孔颗粒饲料的工艺。膨化饲料是经原料微粉碎、配料、混合、膨化、切粒、干燥、喷涂、冷却、筛分、包装等一系列加工工艺生产出来的具有浮性、半沉性和沉性特质的全价配合饲料。膨化饲料存在的主要问题是生产设备的投入引起的折旧费用过高、高温高压对热敏营养物质的损失量较大、颗粒需要烘干使能耗增加、包装和运输费用较硬颗粒饲料高等，但其具有其他饲料无可比拟的优点：

（1）消除抗营养因子，提高饲料的消化吸收率。饲料原料中有许多抗营养因子，如油菜籽实类、大豆饼粕和棉籽饼粕等原料中存在的皂苷、棉酚、胰蛋白酶抑制因子等，在一定的水分和温度下，这些抗营养因子在膨化的过程中逐渐失去部分活性，从而减少了对动物机体内源性消化酶的破坏，提高了饲料的消化吸收率，减少排泄。

（2）高温消毒，保证饲料安全卫生。挤压膨化的最高温度可达 150 ℃左右，饲料原料在高温时的作用时间很短，大概 8 秒左右。原料经高温、高压膨化后可以使饲料中的各种微生物、虫卵、致病菌被杀死，提高饲料的品质，减少动物消化道疾病。

（3）提高产品的适口性和风味。膨化产品结构疏松、多孔、酥脆，并且具有很好的适口性和风味。模板可制成不同形状的模孔，因此可压制不同形状、动物所喜爱的膨化颗粒料。还可生产出特殊的高油脂饲料，如大西洋鲑、虹鳟等养殖品种的饲料脂肪添加量很高，有的高达 30%。

（4）提高淀粉糊化度，有利于淀粉的消化吸收。研究发现，经挤压膨化可使饲料中 α 型淀粉的糊化度从 13.58% 提高至 81.55%，膨化度越高，越易被酶充分利用。植物性原料经过膨化过程中的高温高压处理，使其淀粉糊化、蛋白质组织化，有利于动物消化吸收，提高了饲料的消化率和利用率。水产饲料经膨化加工可提高消化率 10%～35%。

（5）提高饲料消化吸收率。鱼类的消化道较短，大多属于无胃鱼类，因此越细的食物消化吸收率越高。膨化加工工艺要求原料的粉碎要更细，从而提高鱼的消化和吸收。目前在生产中海水鱼等高档膨化水产料的原料粉碎细度都达到 95% 过 80 目，而草鱼、罗非鱼和叉尾鮰等普通品种的膨化料原料粉碎细度也要达到 95% 过 60 目。

（6）膨化饲料利于保存、利于养殖管理。由于经过高温和高压膨化，并烘干处理，成品水分一般要求低于 10.0%。包装一般采用内外袋分开封口方式，因此在同等条件下，保存期较长，便于储藏。

（7）膨化饲料水稳定性强，16～32 小时不溃散，对水质污染小。质松、多孔的膨化料浮水料浮在水面上易于观察鱼的吃食、生长情况等，利于科学管理；而高脂肪、质密的膨化沉水料，水中稳定性高于 16 小时，保证鱼类充分摄食，减少浪费。

6. 为什么膨化饲料的利用率比其他饲料高？

膨化饲料原料经过超微粉碎，生产海水鱼及特种水产料的粉碎细度达到 95% 过 80 目筛，如此细的原料粉碎粒度，有利于提高鱼类的消化吸收率。

膨化料加工过程中的高温、高压、强剪切作用使淀粉分子内 1，4 -糖苷键断裂而生成葡萄糖、麦芽糖、麦芽三糖及麦芽糊精等低分子量产物，并使淀粉糊化度达到 80%～99%（硬颗粒饲料仅 40% 左右），软化和破坏纤维结构的细胞壁部分，使其包裹的不可消化的营养物质得以释放而被消化吸收，消化率大幅提高。

由于高温、高压的加工条件，使饲料中的淀粉熟化，脂肪等更利于消化吸收，并破坏和软化了纤维结构和细胞壁，破坏了棉籽粕中的棉酚以及大豆中的抗胰蛋白酶等有害物质，从而提高了饲料的适口性和消化吸收率。

由于膨化加工的物理和化学变化，使膨化饲料表面形成一层较硬的淀粉糊化层，有效减少粉末的产生，粉末含量在 0.1% 以内，这就直接地提高了饲料的有效利用，降低水质污染。在通常情况下，采用膨化浮性饲料养鱼，与用粉状料或其他颗粒饲料相比，可节约饲料 5%～10%。

7. 为什么必须使用膨化饲料？

硬颗粒饲料只有一种固定的圆柱体形状，对于部分养殖鱼类，由于口裂或食道入口大小的原因，难以直接吞咽。而膨化饲料可以根据鱼类的不同口裂及摄食习惯调整出不同的形状，提高大多数名特优品种对饲料适口性的要求。有些名特优品种，如大口鲶、黄鳝等根本无法使用颗粒料。

由于加工工艺的不同，膨化料可以添加更多的油脂满足对脂肪需求比较高的肉食性水产动物的需要，并且可以通过后喷涂鱼油技术来提高饲料的诱食性。而硬颗粒饲料添加太多的脂肪，以后在水中溶失率比较高，不仅造成饲料浪费增大，还会污染水域环境。因此，大部分的肉食性特种水产饲料都以膨化料为主。

名特优水产膨化料在市场上的推广已形成市场销售习惯，大部分养殖户已接受用膨化料饲喂名特优水产动物的习惯。

8. 水产膨化饲料的应用前景如何？

水产膨化饲料具有广泛的应用前景。从养殖方式上讲，水产膨化饲料具有广泛的适用性，池塘养鱼、稻田养鱼、流水养鱼、网箱养鱼、工厂化养鱼、大水面精养都可使用水产膨化饲料，特别对于养殖密度较小的山平塘养鱼、稻田养鱼以及大水面精养，用浮性鱼饲料比用其他饲料更有其优越性；从养殖品种上，不论是淡水鱼，还是海水鱼类，除了极难驯化到水面摄食的少数底栖性鱼类，都能很好地摄食浮性鱼饲料，如鲈鱼、乌鳢、观赏鱼、美蛙、鳖、龟、叉尾鮰等名特优品种以及常规养殖的草鱼、鲤鱼、鲫鱼等品种；对于生理功能比较特殊的美蛙、鲈鱼等品种，用浮性饲料进行养殖则更加便捷，更能显现其优越性；根据不同的品种、不同生长发育阶段，生产出与其口径和营养需要相适应的膨化浮性鱼饲料，可以很好地满足常规养殖和特种水产养殖对其饲料的需要，既方便了养殖生产者，又可促进生产的发展。

二、水产动物营养原理

9. 水产动物摄食是由什么进行调节的?

摄食是一个复杂的生理生态过程,既包括机体运动、口腔活动、肠胃内分泌系统的调动,又包括各种刺激对动物体、口腔、胃肠等器官组织的作用。水产动物的摄食机制主要包括食欲的调节、摄食过程和相应的摄食刺激等几个方面,不但受饲料的组成、性质和饲养方式的制约,而且受其胃肠道的消化和机体的代谢状态影响。

当水产动物处于饥饿状态下,食欲增强;摄食后,特别是经过消化和吸收时,食欲下降。所有这些内外环境因素引起的水产动物的摄食行为,都可通过神经、内分泌系统进行调节。

动物的摄食主要受神经调节,体液因素也参与。神经调节主要是食欲中枢的调节。一般认为这个中枢位于下丘脑,包括摄食中枢和饱感中枢两个功能单位。摄食中枢位于下丘脑的外侧区,平时呈持续兴奋状态,当其兴奋时,动物摄食。饱感中枢位于下丘脑腹内侧,当其兴奋时,动物停止摄食。

如果动物感受到食物缺乏,胃肠空虚,血液中的血脂、血糖、氨基酸等营养物质水平降低等刺激时,摄食中枢兴奋,水产动物就会产生食欲,激发其摄食行为。如果食物被消化吸收以后,血液中血脂、血糖、氨基酸等营养物质水平升高,会使水产动物饱感中枢兴奋而终止摄食。因此,血液中的氨基酸浓度和血糖水平的变化是水产动物调节食欲中枢的直接刺激。

水产动物还可通过视、听、嗅、味、侧线、触须等感受器感受食物信号刺激,来兴奋或抑制食欲中枢的活动,对喜欢或厌恶的食物可做出不同的摄食反应。当胃肠道的机械、温度、化学、容积等感受器感受到不同的胃肠道功能状态和食物、食糜的化学性刺激后，经过传入神经把信息传入下丘脑，使摄食中枢兴奋，水产动物产生食欲，再通过传出神经，激发水产动物的采食行为；或使饱感中枢兴奋，产生饱感，抑制水产动物的采食行为。

水产动物在体内体外的相关刺激下，产生趋向食物的定向运动，若该刺激不适宜，则不被接收，趋向运动终止；反之，若为适宜刺激，水产动物会抓取食物，开始摄食。食物被摄取后，通过口腔的味觉感受器等产生相应的感觉，若感觉不适宜，则很快将食物吐出；反之，开始咀嚼、撕咬等一系列摄食行为。在咀嚼、撕咬过程中通过味觉、化学等感受器的作用，若遇到不适宜刺激，则产生呕吐行为，将食物弃之；反之，当刺激适宜时，则通过咽喉将食物吞咽进入消化道，此过程标志摄食基本完成。在这个过程中存在一系列的反馈调节，相当复杂，即使食物进入胃内，当食物含有毒有害物质时，动物仍然可能将食物从胃内呕吐出体外（图 2-1）。

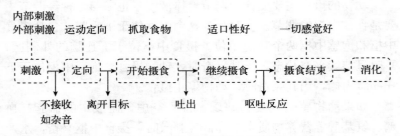

图 2-1　水产动物摄食的基本过程

10. 影响水产动物摄食量的因素有哪些？

摄食量是指一次投饲水产动物所吃的食物量。摄食量又有绝对摄食量和相对摄食量之分。绝对摄食量是指水产动物的一次摄食的数量（克）；相对摄食量又可称为摄食率（％），是指绝对摄食量占体重的百分比。摄食量可以使人们知道水产动物每次摄食的数量，使生产、投喂饲料时不致盲目，从而掌握投食规律，节约饲料，减少浪费，降低生产成本。

饱食量是指一次连续投饲使空腹水产动物吃饱，达到饱和程度时的摄食量。

影响水产动物摄食量的因素很多，如胃容积、动物的种类和体重、水温、水体的溶解氧、饵料的性质以及水产动物的嗜好性等，都会影响水产动物对食物的摄取数量。

（1）胃容积。对有胃动物来说，胃的容积大小可直接影响动物的摄食量，而且由于胃的存在，往往形成摄食的节律性，也使一些动物对饥饿的耐受性增强。一般来说，胃容积大的动物，一次摄食量大，摄食的节律性强，耐受饥饿的能力也强；反之，一次摄食量小，摄食的节律性弱，耐受饥饿的能力也弱。

对无胃动物来说，前肠相当于胃的部位容积大小，或多或少影响动物的摄食及其节律，但远没有有胃动物那样明显，因而无胃动物往往摄食的节律性不太强，耐受饥饿的能力相对来说也较差。

（2）水产动物的种类和体重。不同的水产动物，即使是体重相同，其摄食量也是不同的，这是造成不同水产动物生长差异的一个重要原因。体质量相近的同种鱼类摄食率可相差数倍，这也是造成鱼类个体生长差异的重要原因。一般来说，草食性鱼类的摄食量比杂食性鱼类的摄食量大，而肉食性鱼类的摄食量相对较小，如草鱼的摄食率可达 40％，其原因是草食性鱼类以草类为食，而草类的营养价值低，粗蛋白和能量等营养成分含量较低，这样草食性鱼类必须摄食较多的数量来满足需要，而肉食性鱼类则可以少食一些。

（3）水温。由于我国目前养殖的水产动物绝大多数是变温动物，其代谢活动随水温的变化而变化，因而也影响这些动物的摄食活动。一般来说，温水性鱼类在适宜的水温范围内，水温越高，摄食量越大；当温度高于一临界值（最适摄食稳定）时，最大摄食率随温度的增加而下降。水温变化会引起水产动物摄食量产生季节性的变化。对于温水性鱼类而言，夏秋季节的摄食量比冬春季节的摄食量大，一般在夏季对养殖鱼类的投饲管理比冬春季节要严格得多。

（4）溶氧量。水中溶解氧对水产动物的摄食量影响很大。在一定溶氧范围内，水中溶氧量越高，摄食率也越高，但超过一定范围，水产动物的摄食量不会无限度地增加，反而有所下降。一般来说，当溶氧低于饱和度的 50%～70% 时，鱼类的食欲会明显下降，摄食量剧减。如水中溶解氧饱和度为 35% 时，鲤鱼的摄食量只有溶氧饱和度为 90% 时的 1/2。一般淡水鱼类的摄食量均存在这种现象。在鱼类的养殖生产过程中，应该密切注意水中溶氧的问题，避免水中溶氧过低现象的出现，应使鱼类处于最佳摄食状态，促进鱼类的生长。

（5）饲料的化学成分。水产动物的摄食也受到饲料成分的显著影响。一般情况下，当饲料中不含鱼粉时，水产动物的摄食率会显著下降。另外，当饲料中添加一定比例的某些植物性蛋白质时，鱼类的摄食率也会受到影响，如在饲料中添加 22% 经热处理的菜籽粕，大菱鲆摄食率显著下降。

（6）饵料的物理性质。饵料的大小、形态、硬度、色泽等均影响水产动物的摄食量。饵料大小必须与水产动物的口径相适应，饲料粒径大小通常会引起水产动物摄食量产生变化。鱼苗口径小，只摄食卵黄小颗粒或浮游生物；成鱼则可摄食颗粒较大的饵料。链、鳙鱼等滤食性鱼类喜欢摄食形状较小的浮游生物、粉状饲料等；草鱼喜欢摄食带绿色的植物；青鱼喜食带硬壳的底栖动物；鲤鱼对饵料的硬度、大小、色泽选择性较广，蚕蛹中的光色素能够引诱鲤鱼摄食；带红色的水蚯蚓可以吸引金鱼摄食；蓝色、黄色颗粒可以引起虹鳟食欲增强；红色物质引诱真鲷摄食。

鳜鱼对鱼形运动的饵料有特别兴致，但对非鱼运动和静止的食物不感兴趣，因此鳜鱼喜欢摄食活鱼。

（7）水产动物的嗜好性。对一次吃饱了某种饵料的鱼，若再投给更喜欢的饵料，该鱼还可再吃。如果一开始投喂配合饲料，每尾虹鳟平均摄食 4.2 克后即停止摄食；但若再投以鳟鱼卵，则鱼的摄食活动又活跃起来，每尾平均摄食量可达 11.9 克。相反，若一开始投喂鳟鱼卵，饱和量为 10.5 克，再投配合饲料则表现不摄食。

（8）其他因素。很多因素都会影响水产动物的摄食，如水的污染程度、盐度、投饵方法、水产动物摄食前的状态、种群密度、光照周期、酸碱度、氨气等。

11. 水产膨化饲料主要包括哪些营养成分？

水产膨化饲料具有营养性、可食性、无毒害性及动物属性等特点。随着畜禽、水产动物生产水平的提高和饲料工业的日益发展，饲料不仅包括各种天然的动物所需的营养成分，而且包括人工生产、合成的各种营养物质，这些营养物质简称养分。

（1）水分。饲料中的水分以两种形态存在，即自由水（或游离水）和束缚水（或结合水）。自由水存在动植物细胞间且与细胞结合不紧密，因而自由水易挥发。将饲料置于 60～70 ℃烘箱中烘 3～4 小时，取出在空气中冷却 30 分钟，再同样烘干 1 小时，取出，待两次称重相差小于 0.05 克时，所失重量即为自由水。束缚水是与细胞内胶体物质紧密结合在一起，形成胶体水膜，难以挥发的水。去除自由水后的饲料，放置于 100～105 ℃烘箱内烘干 2～3 小时后取出，放入干燥器中冷却 30 分钟，再重复烘干 1 小时，两次称重小于 0.002 克时，即为恒重，失去的重量为束缚水，饲料除去水分后即为干物质，干物质是比较各种饲料所含养分多少的基础。

（2）粗蛋白。粗蛋白是常规饲料分析中用以估计饲料、动物组织或动物排泄物中一切含氮物质的指标，它包括真蛋白质和非蛋白质含氮物两部分。非蛋白质含氮物包括游离氨基酸、肽类、酰胺、铵盐、硝酸盐等。常规饲料分析测定粗蛋白质，是用凯氏定氮法测出饲料样品中含氮量后，用含氮量乘以 6.25 计算粗蛋白质含量。根据含氮量计算饲料蛋白质含量是基于一个假定：所有饲料的含氮物都是以含氮量为 16% 的蛋白质的形式存在。实际上，这个假定在具体应用时是不完全成立的。比如，玉米的蛋白含量约为 16%，但大豆、小麦和棉籽等饲料源的蛋白含量均大于 16%，其转换系数小于 6.25；此外，饲料中均存在非蛋白质含氮物。因此，根据上述公式计算的饲料蛋白质含量只能称为"粗蛋白"，其与饲料中实际的真蛋白质含量是有出入的。

（3）粗脂肪。粗脂肪是饲料中脂溶性物质的总称，常规饲料分析粗脂肪是用乙醚浸提，所得到的乙醚浸出物包括脂肪（真脂肪）和类脂质。脂肪即为甘油和脂肪酸组成的三酰甘油，亦称甘油三酯或中性脂肪。粗脂肪中除真脂肪外，还含有其他溶于乙醚的有机物质，如脂肪酸、磷脂、糖脂、脂蛋白、固醇类、叶绿素、类胡萝卜素及脂溶性维生素等物质，故称"粗脂肪"或"乙醚浸出物"。

（4）碳水化合物。碳水化合物是多羟基醛、酮或其聚合物以及其他衍生物的总称，由绿色植物经过光合作用形成，是饲料的重要成分和饲养动物能量营养的重要来源。根据所聚合结构单元的数量，可将碳水化合物分为单糖、低聚糖（寡糖）和多糖三大类；根据概略养分分析方案，碳水化合物又可分为无氮浸出物和粗纤维两大类。

无氮浸出物主要包括单糖、寡糖、淀粉、糖原和果聚糖等可溶性碳水化合物。其中，最常见的单糖为五碳糖（如核糖、木糖）和六碳糖（如葡萄糖、果糖）；寡糖中以双糖分布较广，如蔗糖、麦芽糖和纤维二糖等，此外，寡糖还包括棉籽糖（三糖）、水苏四糖、甘露寡糖等低聚糖；淀粉是葡萄糖的高分子聚合体，是高等植物内碳水化合物的主要储藏形式，也是动物能量的主要提供形式；糖原为动物体内碳水化合物的储存形式，与植物支链淀粉结构类似，因而称为动物淀粉；果聚糖则是存在于某些植物中的果糖聚合物。

粗纤维包括植物细胞壁的纤维素、半纤维素、木质素以及存在于植物软组织及木质部的果胶等。其中，纤维素是由 $\beta - 1$，$4 -$葡萄糖聚合而成的同质多糖；半纤维素是葡萄糖、果糖、木糖、甘露糖和阿拉伯糖等聚合而成的异质多糖；木质素则是一种苯丙基衍生物的聚合物；果胶则是以 $\alpha - 1$，4 糖苷键连接的 D-半乳糖醛酸聚糖为其基本结构。

（5）维生素。维生素是动物维持机体正常生命活动所必需的一类小分子化合物。维生素既不是构成组织的材料，也不是供能物质，但它们在维持动物体内物质和能量代谢，保证正常的生理功能方面具有重要作用。维生素包括两大类：脂溶性维生素和水溶性维生素。前者包括维生素 A、维生素 D、维生素 E、维生素 K，后者包括 B 族维生素和维生素 C。

饲料中维生素含量很低，动物的需要量也很少，一般用毫克（mg）和微克（μg）表示。中概略养分分析方案中，因其在饲料中的含量低，水溶性维生素和脂溶性维生素分布被计入无氮浸出物和粗脂肪中。随着饲料养分分析方法和手段的不断改进，采用现代分析技术（如高效液相色谱法）可较为准确的分析饲料中各种维生素的含量。

（6）灰分。灰分也叫矿物质。常规饲料测定时，灰分是饲料样品中 550～600 ℃高温炉中，将所有有机物质全部灼烧氧化后剩余的残渣，主要为矿物质氧化物或盐类等无机物质，有时还含有少量泥沙，故称粗灰分。

灰分中的矿物元素是动物生命活动和生产过程中起重要作用的一大类无机营养素。体内存在的矿物元素，有一些是动物生理过程和体内代谢必不可少的，这一部分就是营养学上常说的必需矿物元素，现已确定至少有 27 种矿物元素为动物组织所必需。按照这些必需的矿物元素在动物体内的含量不同，可分为常量矿物元素和微量矿物元素。其中，常量矿物元素主要包括钙、磷、钠、钾、氯、镁、硫 7 种。目前查明动物必需的微量元素有铁、铜、锌、锰、碘、硒、钴、钼、铬、氟、硼等。铝、钒、镍、锡、砷、铅、锂、溴等在动物体内的含量非常低，在实际生产中几乎不出现缺乏症，但实验证明可能是动物必需的微量元素。

12. 水产动物如何消化饲料中的养分？

不论是天然饵料还是人工饲料中的营养物质如蛋白质、糖类和脂肪等，都不能直接被水产动物吸收，需要在体内消化成简单的易吸收的小分子可溶性物质。这种将饲料中的大分子物质在消化系统中经过消化酶等作用分解成小分子物质（可吸收）的过程就是消化。

水产动物对食物消化有两种方式：一是通过口腔颌齿、咀嚼器等将食物嚼碎，进一步通过消化管壁的肌肉的收缩运动，使食物与消化液充分混合，并将食糜不断地向前推进，这种消化方式称为物理消化，也称为机械性消化；二是在消化酶的作用下，将食物中蛋白质、糖类、脂肪等大分子物质分解，使之成为可以吸收的小分子状态，这是最主要的消化方式，也称为化学性消化。

水产动物消化系统包括两大部分，即消化管道和消化腺。消化管道主要由口腔、咽道、食道、胃、十二指肠、小肠、直肠和肛门等构成。消化腺主要包括胃腺、胰腺、肠腺和肝脏等。

上述消化腺体相应地分泌胃液、胰液和胆汁等消化液。消化液对食物的消化起着至关重要的作用，因此这些消化液中含有各种各样的消化酶。水产动物的消化酶主要是蛋白质、脂类物质和糖类的分解酶，其中蛋白酶类主要有蛋白酶、胃蛋白酶、胰蛋白酶、胰凝乳蛋白酶、碱性蛋白酶、中性蛋白酶、弹性蛋白酶、肠肽酶、胶原酶、二肽酶、三肽酶、氨基肽酶等；糖类酶主要有 α-淀粉酶、麦芽糖酶、蔗糖酶、乳糖酶、半乳糖苷酶、α-葡糖苷酶等；脂肪酶主要有脂肪酶、磷酸酯酶、胆碱酯酶、酯酶、卵磷脂酶等。

　　有些报道认为水产动物消化道内还具有纤维素酶、壳多糖酶、壳二糖酶、透明质酸酶、地衣多糖酶、海藻糖酶等酶类的活性，但对这些酶类的来源问题还不是很清楚，一般认为这些酶可能不是水产动物的消化腺体分泌，而是随着食物带入肠管，或者肠道内的微生物代谢所产生，如草鱼，虽然吃草，但是肠中没有纤维素酶，而是借助外来细菌的酶来消化部分纤维素。

13. 影响消化速度的因素有哪些？

　　消化速度是指食物在消化道内通过的快慢或移动速度，也可以认为是食物中消化道内的停留时间长短。水产动物对饲料的消化速度受到许多因素的影响，不同的饲料中同一情况下，同一饲料中不同的情况下，水产动物的消化速度都有较大的差异。主要有以下几个方面：水产动物的种类及其发育阶段；水温；饵料种类和性质；投喂方式和频率。

　　（1）水产动物的种类及其发育阶段。水产动物的种类不同，其食性不同；消化管的构造（如长度、盘曲形式等）不同，其消化速度也不同。一般来说，肉食性鱼类的总消化时间较长，通常可达 24 小时，如胡子鲇和鲑鳟鱼；草食性鱼类的总消化时间较短，通常为 8～14 小时，如草鱼和金枪鱼等；杂食性鱼类的总消化时间居中。其原因可能是：肉食性鱼类的食物中，营养价值较高，在胃中停留时间较长，虽然其肠道的长度比草食性鱼类的短，但从消化率的测定来看，则表现在肉食性对食物的总消化率为 70%～90%；而草食性鱼类则较低，为 40%～50%。草食性鱼类的食物中含纤维素量较多，也使食物较快通过消化道。草食性鱼类多数是无胃鱼，或者胃的发达程度不如肉食性鱼类。

　　幼鱼对食物的消化时间往往比成鱼短。因幼鱼的消化管尚不成熟，如胃、肠盘曲度小，消化管内的褶瓣少，消化管壁的平滑肌运动能力弱，容积小，而幼鱼的代谢又比成鱼旺盛。另外，活动能力强的鱼比活动能力弱的鱼，其消化速度快。可能是因为活动能力强的鱼，一方面需要更多能量来加强其活动能力，另一方面加快对食物的消化，有助于减轻鱼体的部分重量，便于活动。

　　（2）水温。水产动物大多是变温动物，水域环境温度对水产动物有较大的影响。随着水温的升高，消化速度加快，胃排空速度加快。因为水温升高，水产动物的活动加强，能量需要也增加；其次，水温升高时，酶的活性增加，对食物的消化加快。

　　（3）饵料种类、性质。同一种水产动物，对不同饵料的消化速度是不同的，如鳕鱼消化鱼粉饲料要 5～6 天，而钩虾仅需3～3.5天。饲料的均匀程度不同，消化速度也不同。一般均匀细腻的消化慢一些，粗糙不均的消化快而且不彻底。

　　（4）投喂方式和频率。水产动物的摄食具有节律性，在养殖生产上应予以注意。实验表明，反复多次投喂，会使水产动物消化道内含物反射性急速移动，使水产动物对食物的消化不充分，而产生养分被排出体外的现象。另一方面，反复多次投喂，会使水产动物呈现既忙于摄食又忙于消化的状态。不同水产动物摄食习性不同，消化能力有别，即使同种动物在不同生长阶段也有差异。因此，掌握摄食习性、最小消化时间、合理投饲，对充分利用饲料，提高养殖经济效益是有好处的。

14. 水产动物对营养物质的吸收方式有哪些?

　　水产动物对营养物质的吸收主要通过扩散、过滤、主动运输和胞饮作用 4 种方式。

（1）蛋白质、氨基酸的吸收。蛋白质被蛋白质消化酶分解成为小分子的肽和氨基酸。水产动物吸收蛋白质的主要部分是小肠，小肠黏膜表面分布有许多绒毛，绒毛上的毛细血管即可吸收游离氨基酸，亦可吸收结构简单的肽（绒毛仅能吸收相对分子质量 200 左右的物质，超过 1 000 即不能吸收）。小肠的不同部位对氨基酸的吸收程度不同，大量的氨基酸是被十二指肠吸收的。

（2）糖类的吸收。水产动物饲料中的糖类主要是淀粉、少量的双糖。糖类在肠腔由糖酶分解为单糖类（主要是葡萄糖，少量的半乳糖和果糖），这些单糖被肠上皮细胞采用扩散、主动选择性转运的方式吸收，经门静脉进入肝脏，之后合成糖原。由于糖类的化学结构和分子量不同，水产动物对其的吸收性也有所不同。总体来说，单糖的吸收性较好，其次是双糖、多糖。

（3）脂肪的吸收。脂肪本身及其消化产物脂肪酸不溶于水，但可与胆盐结合成为水溶性微团。吸收主要部位是肠管，吸收时此种微团又被破坏，胆盐被滞留在肠管中，游离脂肪酸与甘油则透过细胞膜而被吸收，并在黏膜上皮细胞内合成甘油三酯。

（4）水分的吸收。水产动物在水中生活，对水的吸收有两种途径：一是通过体表或鳃等与生存环境在渗透压的调节过程中吸收或排出体内水分，维持体内的正常水分量；二是通过消化道吸收水分。消化道内吸收水分的机制也是渗透压的调节。营养物质被吸收时，使消化道上皮细胞内的渗透压升高，从而促进水分的吸收。

（5）无机盐的吸收。无机盐主要在小肠内被吸收，但是无机盐的吸收比较复杂，主要取决于无机盐的存在形式，这一点在生产配合饲料时特别重要。水溶性好的无机盐更容易被吸收，如钠、钾等；而水溶性很差的无机盐往往很难被吸收，比如磷的吸收问题，磷酸二氢钙几乎是含磷的无机物中水溶性最好的，而磷酸钙和羟基磷灰石等水溶性极差，因此磷酸二氢钙最容易被水产动物吸收，在实际生产中，也以使用磷酸二氢钙效果最好。

15. 蛋白质的营养生理功能有哪些?

（1）蛋白质是构成机体细胞、组织和器官的主要成分。蛋白质通常可占动物体固形物的 50% 左右，某些组织器官如肌肉、肝和脾等蛋白质含量可高达 80%；球蛋白是构成体组织的主要组分；白蛋白是构成体液的主要组分；硬蛋白则是构成骨骼、鳞片等的主要组分；蛋白和铁化合物构成了血红蛋白等。

（2）蛋白质是基体内一些具有特殊生物学功能的活性物质的组成成分。水产动物机体中许多重要的功能物质，如催化和调节代谢过程的酶和激素，增强防御机能和提高抗病力的抗体，以及承担氧运输的载体等，均以蛋白质为主体而构成；水产动物体内酸碱平衡的维持、遗传信息的传递以及许多物质的转运等，都与蛋白质有关。因此，蛋白质在水产动物生命活动中担负着传导、运输、保护、连接、支持及运动等多种功能。

（3）蛋白质是机体组织更新、修补的主要原料。水产动物在新陈代谢过程中，组织细胞通过蛋白质的不断分解与合成而更新。自我更新是生命的最基本特征。组织蛋白质在更新过程中分解生成的氨基酸并不能全部用于再合成蛋白质，其中一部分氨基酸经过一系列变化而分解为氨、尿素、尿酸及其他代谢产物而排出体外。

（4）蛋白质也可为机体提供能量或转化为糖类、脂肪。水产动物机体在新陈代谢过程中，老的组织细胞要不断被破坏分解，在此过程中蛋白质可氧化产生部分能量；在低能量日粮或蛋白质不平衡时，蛋白质可分解产生能量，作为能量的补充来源。每克蛋白质氧化分解可产生 17.2 千焦的能量。对鱼类而言，有许多学者认为蛋白质可能优先于碳水化合物和脂肪作为体内活动能量的物质。蛋白质可经分解直接氧化供能外，在体内还可转化为糖及脂类。

16. 蛋白质的消化、吸收和代谢途径是什么？

一般认为外源性蛋白质（饲料蛋白质）和内源性蛋白质（体组织蛋白质）首先水解成氨基酸，然后进行代谢，故蛋白质代谢实质上是氨基酸的代谢。通常将饲料蛋白质在消化酶作用下产生的氨基酸称为外源性氨基酸，而将体蛋白质在组织蛋白酶（存在于细胞内）作用下分解产生的氨基酸，或由糖类等非蛋白物质在体内合成的氨基酸，称为内源性氨基酸。内源性氨基酸与外源性氨基酸二者共同组成氨基酸代谢库。水产动物在维持生命的基本状态下，氨基酸代谢库中外源性氨基酸与内源性氨基酸的比值约为1：2。

外源性氨基酸与内源性氨基酸均经血液循环到达全身，并进入各种细胞进行代谢。在代谢过程中，氨基酸可用于重新合成体组织蛋白，维持水产动物生命，使体重增加；也可合成各种重要的生物活性物质（如酶）；还可以在细胞内被分解，形成氨、尿酸、尿素等排出体外，并释放能量，或者通过氨基酸代谢转化为脂肪和糖作为能量储备。水产动物体内氨基酸的来源和去向，大致情况可用图2-2来表示。

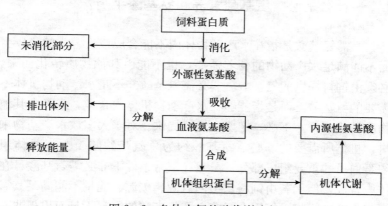

图2-2　鱼体内氨基酸代谢途径

氨基酸中水产动物体内可通过多种途径进行分解代谢，其中转氨基作用和脱氨基作用是两种最重要的反应。它们在非必需氨基酸的转化和合成、氨基酸的氧化功能以及多余氨基酸的利用和排出等过程中，均具有特别重要的意义。转氨基反应的主要作用，一是可使水产动物体内多余的氨基酸，包括必需氨基酸与非必需氨基酸，脱去氨基生成 α-酮酸，所生产的 α-酮酸可通过三羧酸循环氧化功能；二是各种非必需氨基酸均可由相应的 α-酮酸与谷氨酸通过转氨基作用进行合成。

高等动物体内蛋白质的合成是在线粒体中的核糖体上进行的，包括一系列复杂的过程，每种蛋白质都是根据 DNA 的编码来合成的。信使核糖核酸（mRNA）转录来自 DNA 的信息，并以单链的形式进入细胞质中，转运核糖核酸（tRNA）运载特定的氨基酸到核糖体并与 mRNA 相互作用，一个氨基酸的氨基部分与另一个氨基酸的羧基部分结合，形成肽键并释放水，这种氨基酸连接过程直到遇到终止密码子为止。最后，合成的肽链经进一步的修饰及在各种键的作用下形成具有空间构象的蛋白质。

17. 什么是必需氨基酸营养和氨基酸平衡？

必需氨基酸是指在水产动物体内不能合成或者合成的量较少而不能满足水产动物的营养需要，也不能由其他物质转化而来，必须由饲料提供的氨基酸。非必需氨基酸并不是水产动物机体不需要的氨基酸，而是指能够在水产动物机体内合成，或者由其他物质转化而来，不必一定要由饲料提供。对于大多数水产动物来讲，机体所需要的非必需氨基酸约为总氨基酸的 40%，是体组织蛋白质的重要组成部分。虽然在正常条件下非必需氨基酸可在体内合成，但倘若由饲料供给的氮源、碳源和能量不能满足其需要，水产动物将可能因合成非必需氨基酸的原料不足而出现非必需氨基酸缺乏的现象。

一般认为水产动物的必需氨基酸有 9 种，即精氨酸、组氨酸、亮氨酸、异亮氨酸、赖氨酸、苯丙氨酸、苏氨酸、色氨酸和缬氨酸。因水产动物种类、年龄和生理状态有所不同，如中国对虾不能有效合成甘氨酸，故甘氨酸可能是中国对虾的必需氨基酸。鱼类随着年龄增长，体内组氨酸和精氨酸的合成能力增强，这两种氨基酸为成鱼的非必需氨基酸。此外，由于某些必需氨基酸在水产动物体内可作为合成非必需氨基酸的前体，因而增加日粮中某些非必需氨基酸的供给就可节省相应必需氨基酸的需要量。

所谓氨基酸平衡，是指日粮中各种必需氨基酸的数量和相互间的比例与水产动物生长的需要量和比例相一致，只有在日粮中必需氨基酸保持平衡，与水产动物的需要量相吻合的条件下，氨基酸才能有效地被利用。事实上，任何一种饲料蛋白质的必需氨基酸达到这种理想的平衡状态是不可能的，倘若日粮中必需氨基酸的总量很高，但各种必需氨基酸之间的相对比例与水产动物的需要并不协调，即一种或几种必需氨基酸数量过多或过少，则会出现氨基酸平衡失调。

必需氨基酸的平衡效果可用"木桶效应"来体现（图 2-3），只要其中一块桶板短缺，就不可能使木桶装满水。因此，在实际养殖生产过程中，尤其是选择饲料时，不能单纯以蛋白质的高低来判断配合饲料的好坏。有些饲料虽然蛋白质含量低，但如果必需氨基酸平衡

图 2-3　木桶效应

的话，就比有些氨基酸不平衡但蛋白质含量高的饲料要好。

18. 什么是限制性氨基酸、生长性氨基酸和生命性氨基酸？

当水产动物饲料中某一种或几种必需氨基酸的含量低于需求量时，会限制水产动物对饲料中氨基酸的利用，这种或这几种氨基酸称为限制性氨基酸。限制性氨基酸的概念说明了必需氨基酸之间相对比例的重要性。通常将饲料中缺少程度最高的必需氨基酸称为第一限制性氨基酸，其次为第二限制性氨基酸，以此类推第三、第四和第五限制性氨基酸。

赖氨酸和蛋氨酸通常是水产动物的限制性氨基酸。赖氨酸在水产动物体内完全不能合成，它和苏氨酸一样不参加转氨基作用，D-氨基酸氧化酶、L-氨基酸氧化酶都不能使 D-赖氨酸或 L-赖氨酸脱氨。处于生长旺盛阶段的水产动物特别需要赖氨酸，因此赖氨酸被称为"生长性氨基酸"。

蛋氨酸也称为甲硫氨酸，它是体内甲基化所需的甲基供体。蛋氨酸可转化为胱氨酸，但胱氨酸不能转化为蛋氨酸，因此日粮中有足够的胱氨酸可以节省由蛋氨酸转化为胱氨酸的消耗。蛋氨酸和胱氨酸均属含硫氨基酸，胱氨酸节省蛋氨酸的最大效率可达 50%，故日粮含硫氨基酸中蛋氨酸一般占 55%、胱氨酸占 45%。D-蛋氨酸或 L-蛋氨酸在水产动物体内具有相同的生物学活性，故可将 D-蛋氨酸或 L-蛋氨酸作为添加剂使用。蛋氨酸在水产动物体内的作用是多方面的，据统计，水产动物体内有 80 种以上的反应都需要蛋氨酸参与，故可称蛋氨酸为"生命性氨基酸"。

19. 影响必需氨基酸需要量的因素有哪些？

（1）年龄和体重。水产动物的年龄和体重不同，对必需氨基酸的需要量不一样。一般来说，随着个体生长对日粮中蛋白质的要求相应降低，必需氨基酸的需要量也随之下降；

（2）能量水平。日粮中必需氨基酸的需要量与日粮能量水平密切相关，由于大多数水产动物具有根据日粮能量水平调节采食量的生物学本能，所以在采食高能日粮时其采食量将相对减少，这时进食的能量虽已满足机体的需要，但减少了必需氨基酸的绝对进食量，从而可明显影响生长速度和日增重；

（3）必需氨基酸含量和比例。当日粮中赖氨酸含量缺乏时，尽管其他必需氨基酸含量充足，体内蛋白质也不能够正常合成；

（4）非必需氨基酸的含量和比例。日粮中非必需氨基酸的缺乏会影响水产动物对某些必需氨基酸的需要量，使这部分必需氨基酸转化为非必需氨基酸；

（5）蛋白质水平。蛋白质过高或者过低对水产动物的生长都是不利的；

（6）加热处理。富含淀粉和糖的饲料在受热处理后，其赖氨酸、色氨酸和精氨酸等会形成难以被水产动物吸收的复合物。

20. 影响水产动物对饲料中蛋白质需要量的因素有哪些？

（1）鱼的大小和食性。一般来说，小鱼比大鱼需要更多的蛋白质，肉食性鱼类比杂食性鱼类需要更多的蛋白质。

（2）蛋白质的质量。饲料必需氨基酸平衡是影响蛋白质质量重要的因素。

（3）水温。适温范围内，鱼类最佳的生长需要更高的日粮蛋白质水平。

（4）摄食率。如果饲喂到饱食，则需要的蛋白质水平比限制饲喂的要低。

（5）养殖水体中有无天然饵料。池塘低密度放养可降低日粮蛋白质水平。

（6）日粮能量水平。如果日粮非蛋白质能量水平低，鱼类将利用蛋白质来满足代谢能的需要，造成蛋白质浪费；如果能量水平太高，则可能抑制饲料的摄入量而不能满足蛋白质的需要，这可能降低鱼类的生长速度。

表 2-1 列出了多种幼鱼的蛋白质需求量，仅供生产或设计配合饲料时参考。这些数据主要依据投喂优质蛋白源、配制的半纯化的蛋白质浓度梯度、饲喂后出现的剂量效应曲线而测定的，评定的效应指标是增重，蛋白质需求量以饲料干基表示，表中数据绝大部分是最佳条件下幼鱼的需求量，如果养殖对象是成鱼，则蛋白质需求量可相应降低。

表 2-1 一些幼鱼最佳生长状态下的蛋白质需要量（以饲料干基计，%）

品种	蛋白质来源	需要量
草鱼	酪蛋白	41～43
鲤鱼	酪蛋白	38
鲫鱼	鱼粉，酪蛋白	29
罗非鱼	酪蛋白，卵清蛋白	34
莫桑比克罗非鱼	白鱼粉	40
尼罗罗非鱼	酪蛋白	30
齐氏罗非鱼	酪蛋白	35
河豚	酪蛋白	50
斑点叉尾鮰	全鸡卵蛋白	32～36
金色美鳊	鱼粉，酪蛋白	29
亚洲鲈	酪蛋白，明胶	45
小口鲈	酪蛋白，浓缩鱼蛋白（FPC）	45
大口黑鲈	酪蛋白，FPC	40
金鲈	酪蛋白，明胶，氨基酸	35
条纹鲈	鱼粉，大豆蛋白	47
欧洲海鲈	鱼粉	50
虹鳟	酪蛋白，明胶	40

（续）

品种	蛋白质来源	需要量
褐鳟	酪蛋白，鱼粉，FPC	53
大鳞大麻哈鱼	酪蛋白，明胶，氨基酸	40
大西洋鲑	鱼粉	55
银大麻哈鱼	酪蛋白	40
日本鳗	酪蛋白，氨基酸	55
欧洲鳗	鱼粉	40
庸鲽	鱼粉	44.5
欧鲽	鳕肉鱼	40
遮目鱼	酪蛋白	51
真鲷	酪蛋白	50
金头鲷	酪蛋白，FPC，氨基酸	40
河口石斑鱼	金枪鱼肉粉	40～50
北美鲴鲹	鱼粉，大豆粉	45
美国红鱼	鱼粉，酪蛋白	35～45
蛇头鱼	鱼粉	52
黄条鰤	沙鳗，鱼粉	55
台湾马口鱼	鱼粉	32

21. 脂类有哪些营养生理功能？

（1）脂类是鱼虾类组织细胞的组成成分。鱼类的组织细胞中一般均含有 1％～2％ 的脂类物质，脂类物质与蛋白质的不同排列与结合构成功能各异的各种生物膜。细胞膜的组成成分主要是磷脂、蛋白质和糖类。磷脂主要包括磷脂酰胆碱、磷脂酰乙醇胺、磷脂酰丝氨酸、磷脂酰肌醇以及神经鞘磷脂。

（2）脂类为水产动物的生命活动提供能量。脂肪在动物体内的一个很重要的功能是线粒体内通过 β-氧化以 ATP 的形式提供能量。游离脂肪酸是水产动物直接的能量来源，被氧化成为乙酰辅酶 A 后，在柠檬酸循环中释放能量。过量的能源，无论来自碳水化合物、蛋白质和脂肪，在机体脂肪组织中转化为三腺甘油酯的形式储存，脂肪细胞位于皮下，肌纤维与内脏器官之间及支持器官的膜上作为能量储备，并起保护脏器的功能。

（3）为水产动物提供必需脂肪酸。某些必需脂肪酸特别是长链多不饱和脂肪酸是鱼体内不能合成的，为水产动物生长所必需，这些脂肪酸一般以各种形式存在于饲料中，因此饲料为水产动物提供脂类物质的同时，也为水产动物提供必需脂肪酸。

（4）有助于脂溶性物质吸收及其在体内转运。水产动物生命活动需要的维生素 A、维生素 D、维生素 E、维生素 K 等脂溶性维生素，需要溶解于脂类中才能被吸收，如果脂肪缺乏和不足，就会影响这几种维生素的吸收和利用。

（5）作为某些激素和维生素或活性物质的合成原料。比较典型的是麦角固醇和胆固醇。麦角固醇被水产动物吸收后，可转化为维生素 D_2，而胆固醇则是合成固醇类性激素的重要原料。另外，目前认为 n-6 和 n-3 脂肪酸功能的突出重要性首先在于它们是体内具有重要代谢功能的类二十烷酸（如前列腺素、白三烯、血栓素 A_2 等）的前体。

（6）节省蛋白质功效。大多数水产动物对碳水化合物的利用很有限，饲料中的部分蛋白质被作为能源利用，而水产动物特别是肉食性鱼类具有较强的利用脂肪能力。当饲料中有适量可利用脂肪时，可减少蛋白质分解供能，节约饲料蛋白质用量。这一作用被称作脂肪对蛋白质的节约作用。尤其对于肉食性鱼类而言，这种脂肪节约蛋白质的功效更为明显，因为肉食性鱼类对饲料蛋白质的需求量高，且对碳水化合物的利用能力很差。脂肪和碳水化合物比蛋白质的来源更广，将脂肪作为非蛋白质能量在水产养殖中应用具有很好的发展前景。

22. 水产动物脂质的消化、吸收、转运和代谢有什么特点?

脂类的消化不同于碳水化合物和蛋白质的消化,许多研究证实,脂肪在鱼的胃内几乎不能被消化,因为胃内环境通常是酸性的,脂肪酶的最适 pH 为 7.5 左右,偏碱性。甘油三酯的消化部位主要在肠道前部(对具幽门垂的很多鱼类来讲,幽门盲囊中的脂肪酶活性最高,是脂肪消化的主要部位)。

脂肪在小肠内被消化后,一部分水解后以甘油一酯、甘油二酯与甘油三酯混合形式存在,其中以甘油一酯含量较多,另有一部分被脂肪酶完全水解为脂肪酸与甘油。甘油易溶于水,可直接被肠微血管所吸收,经门静脉进入肝脏,但高级脂肪酸如硬脂酸、软脂酸、油酸等不溶于水,不能直接被吸收,只有在胆汁酸的存在下,与胆汁酸盐形成一种能溶于水的脂肪酸化合物时才能被吸收。类固醇、胆固醇和脂溶性维生素等需要和胆汁酸盐结合成胶粒后才能被吸收。

鱼类脂质的转运与哺乳动物不完全相同。哺乳动物体内的脂类水解产物与胆盐形成水溶性复合物,再聚合成脂肪微粒,进入肠黏膜后重新合成中性脂肪,与蛋白质、磷脂和胆固醇等形成乳糜微粒,再进入乳糜管通过淋巴运输。虽然大多数硬骨鱼类肠上皮有与哺乳类乳糜管相似的淋巴管,但血浆中没有发现乳糜微粒。鱼类可能存在着以游离脂肪酸的形式经门静脉系统进行运输,而不是经过淋巴系统途径。

脂类代谢分三个过程:①脂肪酸分解。脂肪酸必须先经过肝脏脂肪酸脱氢酶的去饱和(即脱氢)作用,使饱和脂肪酸的氢原子数目减少,饱和的脂肪酸变成不饱和的脂肪酸被氧化产生能量。②磷脂合成。肝内中性脂肪外运,磷脂可能是主要形式。脂肪酸去饱和后,在肝细胞内与甘油、磷酸和胆碱等,以磷脂形式转运送至其他组织供利用。③酮体生成和氧化。肝脏是分解脂肪酸的主要场所，长链脂肪酸经 β-氧化后产生乙酰辅酶 A，乙酰辅酶 A 除直接参加三羧酸循环进行氧化外，又能在肝脏中两两缩合生成乙酰乙酰辅酶 A；此外，β-氧化的四碳阶段也可以产生一分子乙酰乙酰辅酶 A。肝细胞中有一些活性很强的酶能催化乙酰乙酰辅酶 A 转变成乙酰乙酸。乙酰乙酸可还原成 β-羟丁酸和脱羧生成丙酮。乙酰乙酸、β-羟丁酸和丙酮这三种物质总称酮体。氧化酮体的酶在肝内活性较低，而在肝外（心肌、肾脏、肌内等）活性很强，肝脏能生成酮体，但不能氧化酮体。因此，酮体作为燃料氧化主要给肝外组织提供能量。

23. 什么是必需脂肪酸？

必需脂肪酸是指动物体生命活动需要本身不能合成或合成能力低，必须由食物供应的那些脂肪酸。其不仅作为细胞膜磷脂和转运脂蛋白的成分，维持细胞膜的完整性，尤其是作为神经细胞膜的重要成分，对于鱼类脑和眼的发育至关重要，高含量的长链多不饱和脂肪酸在精子中可以增强膜的流动性、柔韧性和细胞运动融合能力，提高受精能力，而且是合成多种生物活性分子的前体，例如前列腺素、白细胞三烯等。

24. 必需脂肪酸不平衡有什么症状？

水产动物体内必需脂肪酸不平衡，包括必需脂肪酸缺乏和必需脂肪酸过量及氧化的危害。

水产动物体内必需脂肪酸缺乏的主要表现：①生长减慢，饲料效率降低，死亡率增加；②肝脏受损，色泽变灰白，肝脂肪增多、肝指数增加、脂肪降解加剧、肝线粒体迅速肿大，生物膜受损；③皮肤病，如鳍腐烂、尾鳍坏死脱落（虹鳟、鲤鱼、青鱼）；④生殖力下降，孵化率、幼体成活率降低；⑤体内单烯脂肪酸含量增加（遮目鱼）；⑥休克、心肌炎（虹鳟、尖吻鲈）；⑦眼球突出（尖吻鲈、青鱼）；⑧肌肉水分增加；⑨血液中血红蛋白低，呈贫血病（虹鳟）；⑩脊椎侧凸（真鲷）；⑪色素受损（遮目鱼、大鳞大马哈鱼）。

饲料中含有已经氧化的脂肪酸可能导致与体内多不饱和脂肪酸的氧化，从而引起一系列的症状：生长减慢、食欲减退、脂肪肝恶化、蜡样色素累积、出现瘦背症等。很明显，脂肪氧化对鱼类具有一定的毒性。

富含多不饱和脂肪酸（PUFA）的饲料如鱼油、鱼粉等，若缺乏适当的储存措施，如长期暴露在空气中，极易发生氧化，产生酸败，使原料中的脂肪酸不仅不能起到营养的作用，反而会因氧化所产生的自由基、过氧化氢、醛和酮等物质与饲料中的维生素、蛋白质和其他脂类发生作用，降低必需脂肪酸的营养作用，还可能对水产动物产生毒害作用。

25. 脂质氧化有什么危害？

脂质氧化一般有自动氧化和酶催化氧化两种形式。自动氧化是因为自由基激发的氧化，先形成脂质过氧化氢物，这种中间产物本身并无异味，但是当过氧化氢物达到一定浓度时，分解形成短链的醇类，进一步形成醛和酮，使脂肪出现不适宜的酸败味，最后经过聚合作用使脂肪变成黏稠、胶状甚至固态物质。自动氧化是一个自身催化加速进行的过程，酶催化氧化是相应的催化酶使脂类产生氧化，形成醇类、醛类和酮类物质。存在于植物饲料中的脂氧化酶或微生物产生的脂氧化酶最容易使脂肪酸氧化。

26. 怎样防止氧化脂类中毒？

防止氧化脂类中毒的方法，通常是在含脂饲料中添加天然抗氧化类物质，如维生素 E、维生素 C 以及蛋氨酸等天然抗氧化物（但成本较高），或添加其他抗氧化物如亚甲基蓝、乙氧基喹啉、丁基羟基茴香醚等（但可能有潜在毒性）。

27. 碳水化合物的营养生理功能有哪些?

碳水化合物也称糖类，是由碳、氢、氧三种元素组成的多羟基醛或多羟基酮及其简单衍生物，以及水解后能够产生多羟基醛或多羟基酮的一类有机化合物的总称，是生物界三大基础物质之一，也是自然界含量最丰富、分布最广的有机物。其营养生理功能如下：

（1）碳水化合物是水产动物机体细胞组织的组成成分。碳水化合物参与构成水产动物机体细胞组织，如结缔组织中的黏蛋白、神经组织中的糖脂及细胞膜表面具有信息传递功能的糖蛋白，它们往往是一些寡糖复合物。另外，DNA 和 RNA 中也含有大量的核糖，在遗传中起着重要的作用。糖类还是抗体、某些酶和激素的组成成分，参加机体代谢，维持正常的生命活动。

（2）碳水化合物可为水产动物提供能量和储能作用。碳水化合物尤其是葡萄糖，是供给水产动物代谢活动快速应变需能最有效的营养素。葡萄糖是大脑神经系统、肌肉、脂肪组织等代谢的主要能源。

（3）碳水化合物是合成水产动物机体成分的主要原料。当水产动物的肝脏或肝胰腺和肌肉组织储存足量的糖原后，继续进入人体内的碳水化合物则参与合成脂肪储存于体内。碳水化合物还可为水产动物合成非必需氨基酸提供碳架，促进鱼体蛋白质合成以及改善蛋白质利用。

（4）碳水化合物具有节约水产动物饲料中蛋白质的效应。碳水化合物参与蛋白质的合成，为蛋白质合成提供碳架，但两者的关系更主要体现在碳水化合物对蛋白质的节约作用。当水产动物饲料中含有适量的碳水化合物时，可减少蛋白质作为能量的消耗，从而提高鱼类对蛋白质的利用，起到节约饲料蛋白质作用，降低饲料成本，同时降低蛋白质代谢产物对养殖水体的污染，而且三磷酸腺苷（ATP）的大量合成有利于氨基酸的活化和蛋白质的合成，从而提高饲料蛋白质的利用率。关于饲料糖对蛋白质的节约效应研究，一直是缓解紧张的饲料蛋白源，降低饲料成本的一种重要手段。一般认为，糖的促生长和蛋白质节约效应可能与葡萄糖是神经组织和血细胞的优先氧化有关，同时饲料中的糖可以抑制鱼类的葡萄糖异生作用，从而避免氨基酸的氧化分解。

（5）结构性碳水化合物的营养生理作用。结构性碳水化合物一般不能被水产动物消化、利用，却是维持水产动物健康所必需的。饲料中适量的纤维素具有刺激水产动物消化酶分泌、促进消化道蠕动、同时降低血清胆固醇的作用，使营养物质均匀分布，增加饱感；可改善饲料利用率，饲料中的粗纤维能填充、稀释其他营养成分，延缓蛋白质、淀粉质消化道中消化吸收，从而提高这些营养物质在体内的利用率；纤维素还可吸附消化道中产生的某些有害物质，使其排出体外；适量的纤维素在后肠发酵，可以降低后肠内容物的 pH，抑制大肠杆菌等病原菌的生长，保障机体健康。

（6）某些寡糖和多糖对水产动物具有免疫调节作用。饲料中适量加多糖或寡糖，能显著增强水产动物的自身非特异性免疫力，进而提高其抗病力。常见的具有增强水产动物免疫功能的多糖类，主要有来自微生物细胞壁的肽聚糖、脂多糖、葡聚糖及藻类多糖等。

28. 水产动物碳水化合物的代谢及营养特点是什么？

鱼类等水产动物对碳水化合物的利用包括转化储存和氧化分解两种方式。经消化吸收的碳水化合物主要以血糖（葡萄糖）的形式转运到鱼体各组织器官，直接通过尿或鳃排出体外的血糖仅占少部分。碳水化合物首先要经过消化酶分解成葡萄糖才能被鱼类等水产动物利用，其中鱼体内的代谢包括分解、合成、转化和输送等环节。摄入的碳水化合物在鱼体消化道内被淀粉酶、麦芽糖酶分解成单糖，然后被吸收，吸收后的单糖在肝脏及其他组织进一步氧化分解，并释放能量，或被用于合成糖原、体脂、氨基酸，或参与合成其他生理活性物质。糖原是糖类在体内的储存形式，葡萄糖氧化分解是供给鱼类能量的重要途径，血糖（葡萄糖）则是糖类在体内的主要运输形式。

在鱼体各组织中，肝脏是碳水化合物代谢的主要场所，葡萄糖由葡萄糖转运子转运进入肝细胞，在糖代谢酶系的调控下进行糖酵解和异生，糖原合成和分解及磷酸戊糖途径等代谢，为脂肪酸的合成提供还原型辅酶Ⅱ（NADPH），也可进一步无氧酵解成丙酮酸。丙酮酸可经乙酰辅酶 A 进入三羧酸循环完全氧化功能，但鱼类以糖为底物氧化供能占总代谢能的比例较小。

哺乳类对血糖浓度升高的适应性反应是通过增强糖酵解酶活性，同时降低糖异生酶活性，从而维持血糖水平的稳态，与哺乳类相反，一些肉食性鱼类摄食高碳水化合物饲料后鱼体血糖水平升高，但葡萄糖-6-磷酸酶、果糖磷酸二磷酸酶和磷酸烯醇式丙酮酸羧化激酶等糖异生酶的活性并不降低，这些酶的 mRNA 的表达水平不受饲料碳水化合物的负反馈抑制。为此，一些研究者提出，鱼类对血糖水平的调控能力低可能与摄食碳水化合物后鱼体缺乏糖异生酶的调控有关。合成肝糖原是血糖的代谢途径之一，鱼类摄入高水平碳水化合物饲料后通常增高肝指数和肝糖原含量以储存糖分。

29. 水产动物对碳水化合物利用率低的原因是什么？

鱼类被认为对碳水化合物的利用能力低下，其主要根据是鱼类中糖耐受量试验中会出现相对持久的高血糖，其主要原因被认为与相关代谢酶的活性及其表达，内分泌调节等因素有关。然而越来越多的研究发现鱼类胰岛素水平并不低，也不缺乏葡萄糖激酶，因此，关于鱼类对糖利用能力低下的原因就不得而知了，鱼类被认为属于非胰岛素依赖型糖尿病患者。为了阐明水产动物对碳水化合物利用率低的原因，众多的研究者从饲料类型，碳水化合物水平、加工方式、鱼类等水产动物的食性、消化率、内分泌系统和糖代谢酶系等角度进行了大量研究，提出了以下几个方面的假说：

（1）水产动物缺乏胰岛素和葡萄糖转运子（GLUTs）的调控能力，特别是糖代谢中最关键的激素——胰岛素从降血糖方面的作用，无论是分泌机制还是作用机制都与哺乳动物有所不同。对鱼类而言，胰岛素作为合成代谢激素的角色可能比作为分解代谢的角色意义更大，所以导致鱼类对糖代谢作用的调节幅度小，调节速度慢，在高糖饲料诱发下鱼类血糖含量偏高，而且难以恢复。但近年来的研究发现，鱼类的胰岛素水平接近甚至高于哺乳类，存在胰岛素受体，摄入碳水化合物后胰岛素水平及其受体数量能适应性上调，这些研究均不支持关于鱼类缺乏胰岛素和胰岛素受体的假说。葡萄糖进入血液后，主要依靠葡萄糖运转体（GLUTs）穿过肝细胞膜进入肝脏。这个葡萄糖运转体能够保持细胞内外的葡萄糖浓度平衡。

（2）水产动物糖的中间代谢酶中，糖酵解活性较低而糖异生酶活性较高，肉食性鱼类尤为突出。鱼类等水产动物缺乏糖酵解和异生途径的各关键酶的调控，关键酶活性的诱导性增强滞后，不能正常分解利用摄入的碳水化合物，表现为持续的高血糖。最近研究表明，鱼类体内与碳水化合物代谢相关的各种关键酶均能检测到，研究了其基因特性，并探讨了鱼类日粮中碳水化合物水平和来源对上述关键酶活性及其基因表达的影响，这将有助于进一步理解鱼类碳水化合物代谢机制，为提高鱼类饲料中碳水化合物利用提供理论指导。

（3）水产动物转化糖为糖原和脂肪储存的能力低。

（4）单糖穿过消化管的速率快，淀粉等多糖则需酶的水解作用，穿过消化管的速率慢，缓慢释放的多糖利用率迅速释放的单糖。由消化管吸收的葡萄糖迅速释放入血淋巴，导致血浆葡萄糖异常升高，阻碍其作为能源而缓慢释放。另一种解释是由于肠中葡萄糖的存在抑制了氨基酸的正常吸收。

（5）水产动物的消化道内淀粉酶的活性较低。鱼类消化道短，特别是肉食性鱼类消化道更短，淀粉酶的活性低。研究表明，消化道淀粉酶和蔗糖酶活性与饲料碳水化合物含量均呈正相关关系，提示消化酶不是限制多数鱼类利用饲料碳水化合物的主要原因。

30. 影响水产动物碳水化合物利用的因素有哪些？

（1）鱼类等水产动物的种类和规格。鱼类对碳水化合物的利用能力因鱼的种类不同而异。淡水鱼和温水鱼较海水鱼、冷水鱼对碳水化合物的利用能力强；从食性方面比较，肉食性鱼类消化道短，淀粉酶的活性低，对饲料碳水化合物的利用能力明显低于草食性和杂食性鱼类，降低摄食碳水化合物饲料后体内高血糖的能力较差。草食性、杂食性鱼类对碳水化合物的利用和调节能力比肉食性鱼类强，这可能是由于草食性、杂食性鱼类摄食碳水化合物后促进了糖酵解和脂肪合成，并降低了葡萄糖异生速率的缘故。

鱼体的规格也是影响葡萄糖耐受的一个重要因素。鱼体消化系统的结构和功能随生长发育而不断完善，各种激素的分泌和糖代谢酶系统逐渐健全。多数鱼类在仔鱼阶段的食性为肉食性，然后才逐渐分化为不同食性。

（2）碳水化合物的类型。碳水化合物结构的复杂程度影响鱼体对其利用状况。研究表明，鱼类对大分子糖的利用性要好于小分子糖。葡萄糖等单糖结构简单，不需要分解就可直接被肠道迅速吸收进入血液，而淀粉等复杂碳水化合物则需要消化酶逐渐分解后才能进入血液，因而鱼类对葡萄糖等单糖的吸收率高于糊精和淀粉。由此推测，由于消化道吸收单糖的速率快，若鱼体内的糖代谢酶活性尚未充分上调，可能导致鱼体对糖的吸收速率大于分解和转化速率，造成糖流向相对过剩，从而降低鱼体对碳水化合物的利用。而复杂糖类吸收速率慢，鱼体有足够的时间调高分解转化速率，因此许多鱼类利用糊化淀粉和糊精要好于利用葡萄糖等构型简单的碳水化合物。

纤维素作为一种难以消化吸收的多糖，反过来会影响鱼类等水产动物对其他糖源的利用。一般认为，粗纤维能缩短鱼类等水产动物消化道排空的时间，从而降低鱼类等水产动物对营养物质的吸收率，但真鲷对饲料中糊精的利用性却随着饲料中粗纤维含量的增加而提高。这是由于粗纤维能降低真鲷对糊精的吸收速率，从而提高了糊精的利用率。鱼类胰岛素和糖代谢活性升高较慢，纤维素降低肠道对葡萄糖的吸收速率，可以一定程度改善鱼类对糖的利用；但同时纤维素缩短胃排空时间，影响肠道对葡萄糖的吸收率，不利于鱼类对糖的利用。两者作用的大小可能是决定纤维素产生不同影响的原因所在。

（3）碳水化合物的含量。鱼类利用低碳水化合物饲料的能力比利用高碳水化合物饲料的能力强。

（4）碳水化合物的加工方式。碳水化合物的加工方式会影响其消化率，生淀粉抑制消化道淀粉酶活性，经过糊化处理后可以降低淀粉结构的复杂性，消除淀粉酶抑制剂，提高鱼体对其消化率，淀粉的糊化程度影响鱼类对其利用。

（5）投喂频率。一般认为，在日粮水平相同的条件下，连续投喂或增加投喂频率有利于提高鱼类对饲料碳水化合物的利用。一方面，增加投喂频率可缓解鱼体肠道消化酶活性相对不足；另一方面，增加投喂频率可降低鱼体在摄食后短期内对糖的相对吸收量，有利于鱼体将吸收的糖氧化逐渐分解或转化为脂肪储存。

（6）环境温度。一般来说，温水性鱼类利用碳水化合物的能力要高于冷水性鱼类。温度影响鱼类对碳水化合物的利用和耐受性，可能与稳定影响鱼体能量代谢水平有关。

考虑到温度会影响食物的消化吸收，可以推测温度对鱼类利用碳水化合物的效应：①温度升高加速了鱼体对饲料碳水化合物的消化和吸收速率，可能加剧碳水化合物吸收过剩的程度；②温度升高提高了鱼体的能量代谢水平，有利于增强氧化分解糖功能的能力。当效应①小于效应②，温度升高有利于提高鱼体对碳水化合物的利用能力；当效应①大于效应②，温度升高不利于鱼体利用碳水化合物。在不同的鱼类和不同的温度区间，效应①和效应②的相对大小可能存在差异。

（7）能量代谢水平与碳水化合物利用的关系。鱼类的能量代谢可分为标准代谢、活动代谢和特殊动力作用。能量代谢水平对鱼类的食欲、生长、社群地位等都有重要作用，也可能影响饲料碳水化合物的利用。能量代谢水平依赖于食物的质和量，与食物的营养成分有关。肉食性鱼类摄食碳水化合物后，肝脏糖酵解和糖异生途径可能同时保持着活跃水平，动物体同时进行活跃的糖酵解和糖异生反应，结果可能导致无效循环，能量消耗增加。

31. 水产动物对碳水化合物的营养需求范围如何？

水产动物的饲料碳水化合物水平有一定的适宜范围。有研究者定义了饲料碳水化合物的可耐受水平和最适水平，提出水产动物的可耐受碳水化合物水平为不损害机体生长和健康状况或增加死亡率的水平，而适宜碳水化合物水平为机体摄入的碳水化合物能够被完全氧化供能，产生蛋白质节约效应的水平（表 2-2）。

表 2-2　不同鱼类饲料中的适宜碳水化合物含量（%）

种类	可消化碳水化合物
尖吻鲈	≤20
太平洋鲑	≤20
大西洋鲑	≤20
虹鳟	≤20
黄尾鰤	≤10
牙鲆	15.6
大菱鲆	≤6
少带重牙鲷	26～42
斑点叉尾鮰	25～30
眼斑拟石鱼首	≤25
条纹鲈	25～30
鲤鱼	30～40
日本鳗鲡	20～30
草鱼	37～56
草鱼	36.5～42.5
草鱼	22～33
青鱼	20
团头鲂	25～28
鲮	24～26
鳗鲡	18.3
鳗鲡	22.3
鳗鲡	27.3
红鳍东方鲀	20
虱目鱼	35～45
罗非鱼	≤40
中华鲟	25.56
爪哇鲤	26～30
异育银鲫	24～32

（1）水产动物对饲料中可消化糖类的营养需求量。迄今为止，有关水产动物对碳水化合物的营养需求尚不确定，生产实践和研究表明，鱼类适宜的碳水化合物水平低于 20%。海水鱼类饲料糖含量不宜超过 20%，淡水鱼类不宜超过 40%。虾类饲料中糖类的适宜含量为 20%～30%，肉食性虾类饲料中糖类含量以不超过总量的 12% 为宜。在虾类饲料生产过程中，原料都要经过制粒前的高温调质处理使淀粉糊化，这样既可以提高糖类的利用率，同时又可以起到黏结作用，提高了颗粒的水稳定性。

（2）水产动物对饲料中粗纤维的营养需求量。粗纤维很难被鱼、虾、蟹类等水产动物消化吸收，即使被消化，数量也极有限，纤维素较高的饲料会增加粪便的排放量及污染水质，但当饲料中 α-纤维素完全被去除后，蛋白质的利用率会降低，不利于颗粒饲料的黏结，饲料中保持一定含量粗纤维有助于水产动物健康。对同一品种来说，不同的发育阶段，饲料中纤维素的适宜含量也不同，一般规律是在小规格时，适宜含量小；大规格时，适宜含量高。即随着规格的增大，对纤维素的接受力也随之增大。研究发现，大个体草鱼更喜欢吃粗糙的植物而不喜欢吃软嫩的水草。一般来说，草食性鱼类饲料中的适宜含量为 12%～20%，杂食性鱼类为 8%～12%，肉食性鱼类为 2%～8%。虾、蟹类体内纤维分解酶活性较低，虾类配合饲料中的粗纤维含量一般控制住 2%～4%，蟹类粗纤维含量控制住 3%～7%。

32. 什么是维生素?

维生素是维持动物正常生命活动所必需的一类低分子有机化合物的总称。它们在促进动物生长发育、维持动物机体代谢及正常生理功能方面起着重要作用。维生素在动物体内的作用与糖类、脂肪和蛋白质等营养物质不同，既不是作为碳源、氮源或能量物质，也不是构成动物体的组成部分，却是代谢过程中所必需的。目前已知绝大多数维生素作为酶或辅酶的组成部分。

维生素由英文"Vitamin"一词音译而来，一般是按照发现的先后顺序命名，在"维生素"（简式用 V 表示）之后加上 A、B、C、D 等英文字母来命名，例如维生素 A、维生素 B 等。最初发现的时候以为是单一的一种维生素，后来证明是多种维生素混合存在，所以又在英文字母右下方注以 1、2 和 3 等数字加以区别，例如维生素 B_1、维生素 B_2 和维生素 B_6 等。

维生素都是小分子有机化合物，它们在结构上无共同性，有脂肪族、芳香族、脂环族、杂环和甾类化合物等。根据其溶解性质分为脂溶性维生素和水溶性维生素两大类。脂溶性维生素不溶于水而溶于脂肪及脂溶剂（如苯、乙醚及氯仿等），主要有维生素 A、维生素 D、维生素 E、维生素 K。水溶性维生素有维生素 B_1、维生素 B_2、维生素 B_3、烟酸、泛酸、生物素、叶酸、胆碱、肌醇、维生素 B_{12} 和维生素 C 等。

一般来说，维生素通常具有如下 4 个特点：①存在于天然食物中，除了其本身形式外，还存在可被机体利用的前体化合物形式；②参与体内代谢过程的调节控制，但不是机体结构成分，也不能提供能量；③一般不能在动物体内合成或合成量很少（维生素 D 除外），必须由食物供给；④动物体对维生素需要量很少，每日仅以毫克（mg）或微克（μg）计算，少量可满足生理需要，但绝不能缺少，否则可引起相应的维生素缺乏症。

33. 脂溶性维生素包括哪些？各有什么生理功能？

脂溶性维生素在食物中常和脂质共同存在，在肠道中吸收时也与脂质的吸收密切相关。当动物体脂质吸收不佳时，脂溶性维生素的吸收也随之大为减少，有时甚至会引起缺乏症。动物体吸收维生素后可以储存在体内，其中脂溶性维生素主要储存于动物的肝脏，待机体需要时再释放出来供机体利用。动物体摄入过量的脂溶性维生素可引起中毒，使其代谢和生长产生障碍。脂溶性维生素缺乏症一般与其功能相联系。

（1）维生素 A 是含有 β-白芷酮环的不饱和一元醇，又称视黄醇。它有视黄醇、视黄醛和视黄酸三种衍生物，每种都有顺、反两种构型，其中以反式视黄醇效价最高。天然维生素 A 有两种形式——维生素 A_1 和维生素 A_2，前者即视黄醇，后者又称 3-脱氢视黄醇。维生素 A 只存在于动物组织中，维生素 A_1 主要存在于哺乳动物和海水鱼类肝脏中，而维生素 A_2 则主要存在于淡水鱼的肝脏中。植物体中缺乏维生素 A，但其含有维生素 A 原——类胡萝卜素。类胡萝卜素可以通过中间双键的断裂生成维生素 A。类胡萝卜素主要在绿色和黄色植物中存在（如玉米、胡萝卜和菠菜等）。

维生素 A 和胡萝卜素生理功能如下：①维生素 A 是视觉细胞内感受弱光的物质——视紫红质的组成成分。②维生素 A 也是维持上皮组织结构与功能所必需的物质。当维生素 A 缺乏时，可引起上皮组织干燥、增生和角质化，产生干眼疾、皮肤干燥等。③维生素 A 能促进黏多糖、糖蛋白及核酸合成，因而能促进动物生长。

（2）维生素 D 是一类类甾醇衍生物，具有抗佝偻病的作用，故又称为抗佝偻病维生素。主要包括维生素 D_2（麦角钙化醇）及维生素 D_3（胆钙化醇）两种活性形式。在动物体内可由胆固醇和鲨烯（三十碳）转变为 7-脱氢胆固醇，存储在其皮下，在阳光及紫外线照射下可转变成维生素 D_3，因而称 7-脱氢胆固醇为维生素 D_3 原。在酵母和植物油中有不能被动物体吸收的麦角固醇，在阳光及紫外线照射下可转变为能被动物体吸收的维生素 D_2，所以称麦角胆固醇为维生素 D_2 原。

维生素 D 在鱼肝油中含量很丰富，藻类和哺乳动物的肝脏中含量也较多。其功能：①促成骨作用。维生素 D 经转化后可促进肠道黏膜合成钙载体蛋白，增强肠道对钙和磷的吸收，以及调控肾脏对磷的吸收或肾小管的重吸收，从而维持血浆中钙和磷的正常水平，有利于骨的生产；②促进成骨细胞形成和钙在骨质中沉积。维生素 D 经转化后，维持水产动物肾脏和骨骼中适宜的钙浓度，诱导骨基质结构中蛋白质合成和钙化作用，从而促进成骨细胞形成和钙在骨质中沉积。

（3）维生素 E 又称生育酚，是一组化学结构近似的酚类化合物，天然的生育酚共有 8 种，其中 α、β、γ 和 δ 四种构型具有生物活性。自然界以 α-生育酚分布最广，生理活性最高。维生素 E 在无氧条件下对热稳定，但对氧十分敏感，易发生自身氧化；能避免脂质过氧化物的生成，因而保护生物膜的结构和功能。维生素 E 在大多数动、植物饲料中含量都很丰富，特别是谷物胚芽、油料籽实、青饲料中含量都很高。

其生理功能如下：①具有抗不育功能。维生素 E 对维持水产动物生殖器官正常发育具有重要作用。②是体内最重要的抗氧化剂。维生素 E 能避免脂质过氧化物的产生，保护生物膜的结构与功能。维生素 E 与维生素 A 或不饱和脂肪酸等易被氧化的物质同时存在时，可以保护维生素 A 及不饱和脂肪酸免受氧化，因此维生素 E 常用作饲料中油脂的抗氧化剂。③促进血红素代谢。维生素 E 能提高血红素合成过程中的关键酶 δ-氨基-γ-酮戊酸合成酶和 δ-氨基乙酰丙酸脱水酶（ALA 脱水酶）的活性，从而促进血红素的合成。

维生素 E 一般不易缺乏，在发生某些脂肪吸收障碍等疾病时可引起缺乏。动物缺乏维生素 E 时，其生殖器官发育受损甚至不育；还可引起红细胞数量减少，寿命缩短，体外实验可见红细胞脆性增加等贫血症。

（4）维生素 K 是一类萘醌化合物，有维生素 K_1、维生素 K_2、维生素 K_3、维生素 K_4 四种类型，其中维生素 K_1（叶绿醌）、维生素 K_2（甲基萘醌）为天然维生素 K。在临床和生产上，供口服、注射以及作为饲料添加剂的维生素 K 为人工合成

的维生素 K_3 和维生素 K_4，它们均可溶于水。

维生素 K 又称凝血维生素。维生素 K_1 主要在小肠起始部位主动吸收，维生素 K_2 则为被动吸收，经淋巴液吸收入血液，在血液中随 β-脂蛋白转运至肝脏储存。维生素 K_3 在小肠中可被全部吸收，但在肝脏中很快转化为维生素 K_2，未转化的经肾脏从尿中排出。

维生素 K 缺乏的主要症状是凝血时间延长。长期应用抗生素及肠道抗菌药也可引起水产动物维生素 K 缺乏。维生素 K 一般以甲醛醌盐，如亚硫酸氢钠钾萘醌（50%维生素 K_3）、亚硫酸氢钠甲萘醌混合物（33%维生素 K_3）、亚硫酸氢二甲基嘧啶甲萘醌（45.5%维生素 K_3）的形式添加于饲料中。

34. 水溶性维生素包括哪些？各有什么生理功能？

水溶性维生素大多都易溶于水，目前已确定的水溶性维生素共有 10 种。水溶性维生素主要有以下特点：①可从食物及饲料的水溶物中提取；②其化学组成除含碳、氢、氧元素外，多数都含有氮，有的还含有硫或钴；③B 族维生素主要作为辅酶，催化蛋白质、脂肪和碳水化合物代谢中的各种反应；④B 族维生素多通过被动扩散方式吸收，但饲料中 B 族维生素供应不足时，可以主动的方式吸收；⑤在动物体内不能大量储存，当组织中含量趋于饱和时，多余部分即随尿排出。与脂溶性维生素不同，动物摄入过量的水溶性维生素一般不会引起中毒。

（1）维生素 B_1 含有硫和氨基，故称为硫胺素。鱼类缺乏硫胺素可表现厌食、生长受阻、狂游、痉挛、体表和鳍条褪色、肝脏苍白等症状。酵母是硫胺素最丰富的来源，谷类胚芽及皮层中硫胺素含量也很丰富，瘦肉、肝和肾也含有丰富的硫胺素。水产生物对硫胺素的需求受饲料成分、不同食性鱼类对营养物质的代谢特点等因素影响。饲料中碳水化合物含量增加，水产生物对硫胺素需求也增加。脂肪和蛋白质具有节约硫胺素的作用。饲料中维生素 B_1 以盐酸硫胺素或硝酸硫胺素的形式添加。

（2）维生素 B_2 又名核黄素，分布很广，青菜、黄豆、小麦，以及动物的肝、肾、心和乳中含量较多，酵母中维生素 B_2 的含量也很丰富。核黄素以辅酶 FMN 及 FAD 的形式参与体内各类氧化还原反应，与糖类、脂肪和氨基酸代谢密切相关，在代谢中主要起氢传递体的作用。一般饲料中维生素 B_2 以干粉的形式添加。

（3）维生素 B_3 又称泛酸或遍多酸，由于在生物界中分布广泛而得名，是各种动物、植物、细菌、酵母和人类生长所必需的维生素之一，但植物和不少微生物自身能合成泛酸。许多动物缺乏泛酸常出现肠胃炎和皮肤角质化等症状。

泛酸在肠道内被吸收进入动物体后，经磷酸化并获得巯基乙胺，为泛酸在动物体内的活性形式，广泛参与糖、脂类、蛋白质代谢。因泛酸广泛存在于生物界，所以泛酸缺乏症很少见。饲料中常以泛酸钙的形式添加。

（4）维生素 PP 又名抗癞（糙）皮病维生素，包括尼克酸（烟酸）及尼克酰胺（烟酰胺）两种物质，两者都是吡啶的衍生物，在体内主要以尼克酰胺形式存在。尼克酸是尼克酰胺的前体。它们在肉类、谷物、花生及酵母中含量丰富。动物在肝脏中能将色氨酸转化为维生素 PP，但转化率较低，约为 1/60，即 60 毫克色氨酸仅能转化为 1 毫克尼克酸，但一般鱼类缺乏这种转化能力，因色氨酸为必需氨基酸，所以动物体的维生素 PP 主要从饲料中摄入。一般饲料中以烟酸的干粉形式添加。

（5）维生素 B_6 是吡啶的衍生物，包括三种结构类似的物质，即吡哆醇、吡哆醛、吡多胺，它们在体内以磷酸酯的形式存在。磷酸吡哆醛和磷酸吡多胺可互相转化，均为维生素 B_6 的活性形式。磷酸吡哆醛作为糖原磷酸化酶的重要组成部分，参与糖原分解 1-磷酸葡萄糖的过程。维生素 B_6 也参与脂肪代谢过程，它参与体内 50 多种酶系统的代谢反应。

（6）生物素是体内多种羧化酶的辅酶，如丙酮酸羧化酶等，参与二氧化碳（CO_2）的固定过程，对某些微生物如酵母菌、细菌的生长有强烈的促进作用。生物素在饲料中以 D-生物素干粉形式添加。

（7）叶酸因在绿叶中含量十分丰富而得名，又称蝶酰谷氨酸。由 2-氨基-4 羟基-6-甲基蝶呤、对氨基苯甲酸和谷氨酸三部分组成。动物细胞不能合成对氨基苯甲酸，也不能将谷氨酸接到碟酸上去，所以动物所需的叶酸需从食物中供给。动物肝脏中的叶酸一般为 5 个谷氨酸残基，谷氨酸之间是以 γ-羧基和 α-氨基连接形成的 γ-多肽。当叶酸缺乏时，DNA 合成必然受到抑制，骨髓幼红细胞 DNA 合成减少，细胞分裂速度降低，细胞体积变大，造成巨幼红细胞贫血。叶酸在饲料中一般以干粉形式添加。

（8）维生素 B_{12} 又称钴胺素，是唯一含金属元素的维生素。维生素 B_{12} 在体内因结合的基团不同，可以多种形式存在，如氰钴胺素、羟钴胺素、甲钴胺素和 5′-脱氢腺苷钴胺素，后两者是维生素 B_{12} 的活性形式，也是血液中存在的主要形式。饲料中维生素 B_{12} 通常与蛋白质结合，在胃的酸性环境中经胃蛋白酶作用释放。其主要生理功能是促进红细胞形成和维持神经系统的完整性。在自然界，维生素 B_{12} 只在动物产品和微生物中发现，植物性饲料基本不含此维生素。鲤鱼、罗非鱼不需要饲料提供维生素 B_{12}，其他鱼类还未确定。维生素 B_{12} 在饲料中以干粉形式添加。

（9）饲料中胆碱主要以卵磷脂形式存在，较少以神经磷脂或游离胆碱形式存在。胆碱是卵磷脂的构成成分，在肝脏的脂肪代谢中起重要作用，有利于脂肪从肝脏中转运出去，防止脂肪肝形成。胆碱是神经递质——乙酰胆碱的重要组成部分，在神经冲动的传递上起着重要作用。所有动物缺乏胆碱均可表现为生长迟缓。自然界存在的脂肪都含有胆碱，凡含有脂肪的饲料都可提供胆碱。饲料中常以氯化胆碱的形式添加。

（10）维生素 C 又称 L-抗坏血酸。其生理功能如下：①促进胶原蛋白合成。维生素 C 是胶原脯氨酸羟化酶及胶原赖氨酸羟化酶维持活性所必需的辅助因子，胶原是构成体内结缔组织、骨及毛细血管的重要组成成分。在创伤愈合时，结缔组织的生成是创伤愈合的前提。②作为辅助参与胆固醇转化为胆汁酸的代谢反应。在正常情况下，动物体内 40% 的胆固醇需转化为胆汁酸，维生素 C 是催化胆固醇转化成 7-α-羟化酶的辅酶。③维生素 C 参与芳香族氨基酸的代谢。④维生素 C 显著促进动物体对铁的吸收。⑤维生素 C 参与体内氧化还原反应，起保护细胞膜的作用。

（11）肌醇为环己烷衍生物，又称环己六醇。在理论上有 9 种可能的异构体，但通常在自然界中发现的有 4 种，在自然界最常见的是肌肉肌醇。肌醇同胆碱相似，具有明显的亲脂性质，参与某些脂类代谢，防止脂肪在肝脏中沉积。此外，肌醇还是一种促动物和微生物生长的因子。饲料中常以干粉形式添加。

35. 影响水产动物维生素需求的因素有哪些？

水产动物对维生素的需求量，根据现有的研究报道，目前至少有 15 种维生素为水产动物所必需。多数鱼类必须直接从饲料中获得这些维生素，但少数鱼类鱼体本身或消化道微生物可以合成几种维生素。例如，在实验室采用缺乏叶酸、维生素 D 和维生素 B_{12} 的精制饲料喂鲤鱼，缺乏维生素 B_{12} 的精制饲料饲喂罗非鱼，缺乏胆碱、肌醇和生物素的精制饲料喂香鱼，缺乏生物素的精制饲料饲喂真鲷时，这几种鱼类的各项生理代谢指标和生长没有受到影响。

几种常见水产动物维生素需求量见表 2-3 和表 2-4。

表 2-3 淡水鱼类饲料中维生素需求量（IU，毫克/千克）

维生素名称	鲤	斑点叉尾鮰	罗非鱼	草鱼
维生素 B_1	2～3	1～3	2.5	1.19
维生素 B_2	7～10	6	6	—
维生素 B_6	5～10	3	1.7～9.5；15.0～16.5	—
泛酸	23	25～50	10	25
烟酸	30～50	14	26；121	25.5
叶酸	N	1.01	0.82	3.63～4.29
维生素 B_{12}	N	R	N	—
肌醇	200～300	R	400	166～244
胆碱	1 500～2 000	400	1 000	—
生物素	1～1.5	R	0.06	—
维生素 C	30～50	60	79（L-抗坏血酸）	—
维生素 A	1 000～2 000 IU	1 000～2 000 IU	5 850～6 970 IU	—
维生素 D	N	500～1 000 IU	374.8	—
维生素 E	80～100	30	42～44；60～66	—
维生素 K	N	R	5.2	—

表 2-4 海水鱼和虾类饲料中维生素需求量（IU，毫克/千克）

维生素名称	鳟类	鲑类	真鲷	中国对虾	斑节对虾
维生素 B_1	10～12	10～15	R	60	13～14
维生素 B_2	20～30	20～25	R	100～200	22.5
维生素 B_6	10～15	15～20	5～6	140	72～89
泛酸	40～50	40～50	R	100（泛酸钙）	—
烟酸	120～150	150～200	R	400	7.2
叶酸	6～10	6～10	R	5～10	1.9～2.1
维生素 B_{12}	R	0.015～0.02	R	0.01～0.02	0.2
肌醇	200～300	300～400	300～900	4 000	3 400
胆碱	2 000～4 000	3 000	R	4 000	—
生物素	1～1.2	1～1.5	N	0.8	2.0～2.4
维生素 C	100～150	100～150	R	4 000（LAPP）	157（C_2S）

（续）

维生素 名称	鳟类	鲑类	真鲷	中国对虾	斑节对虾
维生素 A	2 000～ 2 500 IU	2 000～ 2 500 IU	1 000～ 2 000 IU	120 000～ 180 000 IU	—
维生素 D	2 400 IU	2 400 IU	—	60 000 IU	0.1（D_3）
维生素 E	30	30	—	360～440 IU	—
维生素 K	10	10	—	32～36	30～40

目前有关常见水产动物对维生素需求量的数据十分有限。表2-5列出了常见养殖鱼类饲料中维生素含量的推荐值。

表 2-5　常见鱼类饲料对饲料中维生素需求的推荐量（IU，毫克/千克）

维生素名称	草鱼	鲤鱼	罗非鱼	青鱼
维生素 B_1	60	10	18	5
维生素 B_2	200	20	24	10
维生素 B_6	40	20	18	10
泛酸钙	280	30～80	18	20～30
烟酸	800	29	108	50
叶酸	15	—	3	1
维生素 B_{12}	0.09	—	0.015	—
肌醇	4 000	50～200	150	100～200
胆碱	8 000	500～4 000	1 200	500～700
生物素	6	0.2～1.5	0.2	1
维生素 C	600	300～500	300	100～150
维生素 A	5 500 IU	2 000～10 000 IU	3 000 IU	2 000～5 000 IU
维生素 D	1 000 IU	1 000 IU	1 500 IU	1 000～2 000 IU （维生素 D_1）
维生素 E	100	80～100	120	10～20
维生素 K	40	—	10	

在实际生产中，水产动物对维生素的需求受很多因素的影响：
（1）水产动物的种类和生长阶段。不同种类的水产动物消化

系统的结构以及消化生理不同，因而对营养物质的利用能力不同，代谢途径也存在一定程度的差异。鱼类或其他水产动物的生长阶段不同，对维生素的需求量也不同，幼小的水产动物由于生长快，代谢强度大，因而对维生素的需求量高于成年水产动物。

（2）水产动物的生存环境。在集约化养殖过程中，水产动物的养殖密度加大，养殖管理中的各种操作如捕捞、分级、运输，养殖环境因子如水质恶化、溶氧偏低、氨氮偏高、水温变化频繁，养殖过程中水产动物患病需要用药，等等，都会给养殖水产动物造成各种应激，处于应激和疾病状态下的水产动物对维生素需求量往往会增加，以提高水产动物对环境胁迫和对疾病的抵抗力。

（3）水产动物的养殖方式。在集约化养殖程度较低的半精养、粗放养殖方式下，水产动物可以从天然饵料中获取部分维生素，对配合饲料中维生素的添加量可适当减少；在网箱或流水养殖条件下，水产动物放养密度高，饵料几乎全部来源于配合饲料，需要在配合饲料中补充维生素。

（4）饲料中维生素的利用率。水产动物对维生素需求量一般是在采用几乎不含其他来源的待测维生素的精制饲料情况下测得的，但在实际中配制饲料时，各种饲料原料中已含有一定数量的维生素，其中有些维生素的含量已足够满足水产动物的需求，所以在确定这些维生素的添加量时，可适当减少其添加量，以免造成浪费或含量过高对水产动物造成不利影响。在配制实用饲料时，也需要考虑各种原料中维生素的利用效价，如谷物类饲料原料中泛酸和烟酸的含量很高，但是它们主要是以水产动物不能有效利用的结合态存在，因而其利用率很低；叶酸在粉状的混合饲料中较稳定，而在颗粒饲料中与微量元素或氯化胆碱等结合而不够稳定；饲料中脂肪含量过少可抑制水产动物对脂溶性维生素的吸收；饲料中存在抗营养因子阻碍维生素的吸收。

（5）维生素之间的相互作用。各种维生素之间存在极其复杂的相互关系，水产动物对维生素 A 需求量受饲料中维生素 E 含量的影响，因为维生素 E 具有保护维生素 A 免受氧化，提高维生素 A 稳定性的作用；鱼类饲料中维生素 B_2 与烟酸具有协同作用，维生素 B_2 促进色氨酸转化为烟酸。

（6）饲料中其他营养物质。饲料中的其他营养成分如蛋白质（或氨基酸）、脂肪和糖类的含量都会影响水产动物对维生素的需求量。多数维生素参与这些营养物质的代谢过程。鱼类摄食高蛋白饲料时，对缺乏维生素 B_6 的敏感性增加；而摄食高糖类饲料时，对维生素 B_1 需求量增加。

（7）消化道微生物的维生素合成功能。有些鱼类的肠道中微生物可合成某些维生素如生物素、维生素 B、维生素 C、烟酸、泛酸和叶酸，但鱼类消化道较短，肠道微生物较少，从而使得鱼类肠道中微生物在提高维生素方面的作用很有限。

36. 水产动物的维生素缺乏症有哪些？

饲料中维生素长期缺乏和不足，可引起水产动物代谢障碍甚至造成组织病理损伤，各种维生素的生理功能不同，缺乏不同的维生素会产生不同的疾病。这种由于缺乏维生素而引起的疾病称为维生素缺乏症（表 2-6）。

表 2-6　鱼类维生素缺乏症

维生素种类	各种缺乏症
维生素 B_1	死亡率高；厌食，刺激感受性亢进，抽搐，平衡失调，血红细胞和肾脏的转羟乙醛酶下降，肌肉萎缩；体色变深，平衡失调，神经过敏；色素减退，皮下出血；鱼体卷曲；鳍充血。
维生素 B_2	厌食；生长不良；眼球晶体白内障，眼球晶体和角膜粘连，黑色素沉着；鱼体发育不良；消瘦，死亡率高，心肌出血，前肾坏死；皮炎，畏光，鳍充血及腹部充血。

（续）

维生素种类	各种缺乏症
维生素 B_6	厌食；死亡率高；神经失调；癫痫性惊厥；刺激感受性亢进，转移时易受损伤螺旋状浮动，呼吸急促，鳃盖弯曲，死后迅速出现尸僵，血红细胞和肌肉转氨酶活性下降；抽搐，体色呈蓝绿色；皮肤病，出血症，水肿，肝肾转氨酶活性下降；生长不良。
泛酸	厌食；贫血；死亡率高；鳃畸形；外表有渗出液覆盖；消瘦，表皮糜烂；生长不良，鳍棉，眼球突出；皮炎，表皮充血，游动异常。
生物素	生长不良；死亡率高，鳃畸形；外表有渗出液覆盖；消瘦，表皮糜烂；生长不良，嗜眠，眼球突出；皮炎，表皮充血，游动异常。
烟酸	生长不良；贫血；表皮和鳍损伤；厌食，结肠损伤，对光敏感；表皮出血，眼球突出，死亡率高，颌骨变形；游动异常，体色变黑。
叶酸	生长缓慢，厌食；鳃苍白，贫血，红细胞巨大；嗜眠；体色变黑。
维生素 B_{12}	贫血，红细胞细小；血细胞减少；生长不良；厌食。
维生素 C	生长缓慢；脊柱前凸和侧凸；厌食，出血性眼球突出，腹水，贫血，肌肉出血，眼、鳃的支持组织异常；骨胶原减少，抗病力下降；鳍和表皮出血，下颌糜烂。
胆碱	生长不良；脂肪肝；肝肿大；死亡率高；厌食，肠灰白色。
肌醇	生长不良；厌食，胃排空缓慢；表皮损伤；肠灰白色。
维生素 A	生长失调，眼球晶体移位，视网膜退化，腹水，水肿；眼球突出；色素减退，鳍和皮肤出血。
维生素 D	生长下降，体内钙平衡失调，白肌抽搐；骨中灰分下降。
维生素 E	生长不良；肌肉营养不良；死亡率高；贫血，红细胞大小不一，腹水，肌肉脂质氧化，体液增多，色素减退；渗出性色素减退，脂肪肝；眼球突出，背鳍前凸，肾、胰脏退化。
维生素 K	凝血时间延长，贫血，血细胞比容减少；表皮出血。

引起水产动物饲料中维生素缺乏或不足的原因除饲料中本身添加量不足外，还有其他一些原因，如饲料中维生素拮抗物存

在，维生素吸收障碍，水产动物所处环境或生理需要量增加，饲料中加工和储存、投喂过程中损失或破坏等。

$37.$ 什么是矿物质？矿物质有何生理功能？

矿物元素是水产动物营养中的一大类无机营养素。现已确认人体及动物组织中约含有 45 种矿物元素，但并非动物体内的所有矿物元素都在体内起营养代谢作用。动物体内具有确切的生理功能和代谢作用，缺乏后会导致缺乏症和相应的生化变化，补给后缺乏症即可消失，这些矿物元素在营养学上被称为必需矿物元素。

必需矿物元素一般应该符合以下几个条件：①这种元素存在于所有健康机体的全部组织中；②在组织中的浓度相当稳定；③缺乏该元素时，可在不同组织中产生相似的结构及生理功能性异常；④补充该元素能够防止此类异常变化；⑤缺乏所致的异常情况总会伴有特异的生化改变；⑥当缺乏症得到预防或治愈时，其相应的生化改变可同时得到预防或治愈。

依据矿物元素在鱼体内的含量不同，一般将其分为三类，即常量矿物元素、微量矿物元素和痕量矿物元素。常量矿物元素一般指在动物体内含量高于 0.01% 的元素，主要包括钙（Ca）、磷（P）、钠（Na）、钾（K）、氯（Cl）、镁（Mg）、硫（S）7 种，这些元素占体内总无机矿物盐的 60%～80%；微量矿物元素一般指在动物体内含量低于 0.01% 的元素，目前已发现的有铁（Fe）、锌（Zn）、铜（Cu）、锰（Mn）、碘（I）、硒（Se）、钴（Co）、氟（F）、铬（Cr）、铝（Al）、钒（V）、镍（Ni）、锡（Sn）、砷（As）、铅（Pb）、锂（Li）、溴（Br）等，其中有一些含量极低的，称为痕量矿物元素。

联合国粮农组织（FAO）确定鱼类必需的矿物元素有 Na、K、Cl、Ca、P、Mg、S、Fe、Zn、Cu、Mn、Co、I、Se、Sn、

F、Cr 和 Mo 等。这些元素在鱼类体内具有重要的营养生理功能，缺乏这些矿物元素，鱼类的各种生理活动和代谢活动就会紊乱，甚至会导致鱼类的死亡。

矿物质元素在水产动物体内具有重要的营养生理功能。主要包括以下几个方面：①参与体组织的结构组成，很多矿物质如 Ca、P、Mg 和 K 是构成骨骼、牙齿、甲壳及其他组织的主要成分。②构成酶的辅基成分或酶的激活剂，如 Zn 是碳酸酐酶的辅基，磷酸果糖激酶需要 Mg^{2+} 作为辅助因子，Cu 是酚氧化酶的辅基。③参与构成体内一些激素及其他活性物质，如 I 是构成甲状腺素的成分，Co 是构成维生素 B_{12} 的成分，硫胺素、生物素中均含有 S，ATP 中含有 P。④维持机体酸碱平衡和调节渗透压。⑤维持神经的正常兴奋性和肌肉收缩等生理反应。

38. 常量矿物元素包括哪些？

（1）钙和磷，是水产动物骨骼、甲壳、鳞片和牙齿的主要构成成分，起支持和保护作用。钙和磷总量通常占体重的 $1\%\sim2\%$。鱼体内的钙和磷比例相对稳定，一般在 $0.9\sim1.2：1$。在鱼体内几乎 99% 的钙和 80% 的磷存在于骨骼、牙齿和鳞片中，以骨骼中含量最多。在鲤和虹鳟体内，钙占鱼体湿重的 $0.5\%\sim0.6\%$，磷占鱼体湿重的 $0.4\%\sim0.5\%$。当饲料中长期缺乏钙和磷时，则骨灰量减少，但骨灰中的钙磷变化不大，一般为 $Ca：P=2：1$。由于动物种类、年龄和营养状况不同，钙磷比也有一定的变化。

钙除了作为结构成分外，还有很多其他功能。钙对于神经递质的通透性，使 Ca^{2+} 进入细胞内，可引起肌肉萎缩；Ca 可激活多种酶的活性；Ca 能促进胰岛素、儿茶酚胺、肾上腺皮质固醇，甚至唾液等的分泌；Ca 还具有自身营养调节、参与血液凝固等生理功能。

磷除了与钙结合形成骨骼和牙齿外，其余 20％ 分布于全身细胞中。P 参与体内能量代谢，是 ATP 和磷酸肌酸的组成成分，这两种物质是重要的供能和储能物质，也是底物磷酸化的重要参加者；P 以磷脂的方式促进脂类物质和脂溶性维生素的吸收；磷脂是细胞膜不可缺少的重要参加者；P 以磷脂的方式促进脂类物质和脂溶性维生素的吸收；磷脂是细胞膜不可缺少的成分；作为重要生命遗传物质 DNA、RNA 和一些酶的结构成分，参与许多生命活动过程，如蛋白质合成等。

（2）镁（Mg），不论是分布还是在生理功能，镁都与 Ca 和 P 的关系十分密切，约占鱼体的 0.05％。鱼体的 Mg 大量存储于骨骼中，占总镁量的 60％～70％，占骨灰的 0.5％～0.7％。骨中的镁 1/3 以磷酸盐的形式存在，2/3 吸附在其他矿物元素结构的表面。存在于软组织中的镁，占总镁量的 30％～40％，主要存在于细胞内亚细胞结构中，如线粒体。细胞质中绝大多数镁以复合物形式存在，其中 30％ 左右与腺苷酸结合。肝细胞中镁复合物高达 90％。细胞外液中镁的含量很少。血液中 75％ 的镁存在于红细胞内。

Mg 参与构成水产动物的骨骼、牙齿和鳞片；作为磷酸化酶、磷酸转移酶、脱羧酶和酰基转移酶等酶类的辅基和激活剂；是细胞膜的重要构成成分，也参与糖类、脂肪和蛋白质的代谢；维持心肌、骨骼肌和神经组织间离子平衡，调节神经、肌肉的兴奋性，保证神经、肌肉的正常功能。影响镁吸收的因素主要有以下几种：鱼虾种类不同，镁的吸收率不同；发育阶段不同吸收率不同，一般来说，幼龄动物比成龄动物对镁的吸收更为有效；饲料中的拮抗物，如钾、钙、氨等影响镁的吸收；镁的存在形式影响镁的吸收，其中硫酸镁的利用率较高。

（3）钠（Na）、钾（K）、氯（Cl）是体内最丰富的电解质，主要分布在体液和软组织中。Na 和 Cl 是主要的细胞外液阳离子和阴离子，K 和 Mg 是主要的细胞内液阳离子。它们调节体内渗透压和酸碱平衡，控制营养物进入细胞核水分代谢等。淡水鱼类主要通过鳃和肾来调节渗透压，而海水鱼类通过鳃、肾和肠来调节渗透压。淡水鱼类体内的 Na^+ 和 Cl^- 主要通过鳃和食物从外界吸收，同时尿中排出一部分，以保持平衡。海水鱼类所处水环境中的盐类可经体表渗入体内，为了保持体内水分平衡，需要经常吞食海水，经肠道吸收海水中的水分，同时也从鳃的泌盐细胞排出 Na^+ 和 Cl^-。除调节渗透压外，K^+ 对维持神经和肌肉兴奋性具有重要作用，还参与糖类代谢。Na^+ 还参与糖和氨基酸的主动转运。Na^+、K^+ 和 Cl^- 均参与体内酸碱平衡的调节，并维持胃的酸性和肠内的碱性环境。

鱼类所处的水环境一般不易缺乏这几种元素，但若水环境中盐度太高，超过鱼类的调节能力时，鱼类会产生水肿等盐类中毒现象。一般常规饲料原料中大量存在钠、钾、氯，不需另外补充，但在完全用化学成分来确定饲料时需要补充钾。

39. 微量元素包括哪些？

（1）铁（Fe）在动物体内的含量为 30～70 毫克/千克，平均为 40 毫克/千克。随动物的种类、年龄、性别、健康状况和营养状况不同。所有动物不同组织和器官中铁的分布差异很大，一般来说，60%～70%分布于血红蛋白中，2%～20%分布于肌红蛋白中，0.1%～0.4%分布于细胞色素中，约 1%存在于转运载体化合物和酶系统中。肝、脾脏和骨髓是主要的储铁器官。

铁主要有三方面的生理功能：①参与载体组成、转运和储存营养素，如血红蛋白是体内运载氧和二氧化碳的主要载体，肌红蛋白是肌肉缺氧时的供氧源，转铁蛋白是铁在血液中循环的转运载体，结合球蛋白及血红素是把红细胞溶解释放出的血红素转运到肝中继续代谢的载体，铁蛋白、血铁黄素和转铁蛋白等是体内的主要储铁库；②参与体内物质代谢，二价或三价铁离子是激活参与碳水化合物代谢的各种酶类不可缺少的活化因子，铁直接参与细胞色素氧化酶、过氧化氢酶、过氧化物酶、黄嘌呤氧化酶等酶类的组成来催化各种生化反应，铁也是体内很多重要的氧化还原反应中的电子传递体；③生理防御功能，转铁蛋白除了运转铁以外，还有预防机体感染疾病的作用，奶或白细胞中的乳铁蛋白在肠道中能把游离的铁离子结合成复合物，防止大肠杆菌利用，有利于乳酸杆菌的利用，对新生哺乳动物预防腹泻可能具有重要的意义。

（2）锌（Zn）是鱼体中含量较大的微量元素，鲤含 Zn 特别高。Zn 分布于动物体所有组织中，多数哺乳动物和禽类体内含锌量在 10～100 毫克/千克范围内，平均 30 毫克/千克。Zn 在体内分布不均衡，其中肝脏和肌肉中含量较高。骨骼肌中的 Zn 占体内总 Zn 的 50%～60%，骨骼中约占 30%，鳞片中含有较多的Zn，其他组织器官中含 Zn 量较少。

Zn 主要有以下几种生理作用：①参与体内酶类组成，已知体内 200 种以上的酶类含有 Zn，在不同酶类中 Zn 起着催化分解、合成和稳定酶蛋白的四级结构和调节酶活性等多种生化作用；②参与维持上皮细胞的正常形态、促进其生长和维持其健康，它的生化基础与锌参与胱氨酸和黏多糖的代谢有关，缺锌使这些代谢受影响，从而使上皮细胞角质化；③维持激素的正常生理作用，Zn 与胰岛素或胰岛素原形成可溶性聚合物，有利于胰岛素发挥正常的生理生化作用，Zn^{2+} 对胰岛素分子有保护作用，也对其他激素的形成、储存和分泌有促进作用；④维持生物膜的正常结构和功能，防止生物膜遭受氧化损害和结构变形，锌对膜中正常受体的机能有保护作用；⑤锌广泛参与核酸代谢，对维持 DNA、RNA 结构的稳定具有十分重要的作用，核酸合成和降解过程中的酶通常也是锌依赖酶。

（3）铜（Cu），动物体内平均含铜量为 2～3 毫克/千克，其中约有一半在肌肉组织中。肝是体内铜的主要储存器官，鱼类肝脏中铜的干物质含量高达 100～400 毫克/千克。

铜的主要营养生理功能有：①参与 Fe 的吸收和新陈代谢，为血红蛋白合成和红细胞成熟所必需的矿物质；②作为金属酶组成部分直接参与体内代谢，这些金属酶主要包括细胞色素氧化酶、尿酸氧化酶、氨基酸氧化酶、赖氨酰氧化酶、酪氨酸酶、苄胺氧化酶、二胺氧化酶、超氧化物歧化酶、抗坏血酸氧化酶等；③参与骨的形成，铜是骨细胞、胶原和弹性蛋白形成不可缺少的元素；④Cu 是软体动物和节肢动物血蓝蛋白的组成成分，作为血液中的氧载体参与氧的运输。

（4）锰（Mn）广泛分布于动物组织中，以骨中含量最高。动物体内含 Mn 低，为 0.2～0.3 毫克/千克。骨、肝、肾、胰腺含量较高，1～3 毫克/千克；肌肉中含量较低，0.1～0.2 毫克/千克。骨中 Mn 占总机体 Mn 量的 25%，主要沉积在骨的无机物中，有机基质中含少量 Mn。

Mn 的主要营养生理作用有：①在碳水化合物、脂类、蛋白质和胆固醇代谢中作为酶活化因子或组成部分；②与骨骼的生长有关，锰参与黏多糖的合成过程，而黏多糖是软骨组织的必需结构部分；③Mn 是维持大脑正常代谢功能必不可少的物质；④Mn 与生殖功能有关。

（5）碘（I），动物体内平均含碘 0.2～0.3 毫克/千克，分布于全身组织中细胞中，70%～80% 存在于甲状腺内，是单个微量元素在单一组织器官中浓度最高的元素。血液中 I 以甲状腺素形式存在，主要与蛋白质结合，少量游离于血浆中。I 是合成甲状腺素的原料。

I 作为必需微量元素，其生理功能有：①参与甲状腺素合成，调节代谢和维持体内热平衡；②对繁殖、生长、发育、红细胞生成和血液循环等起调控作用；③体内一些特殊蛋白质的代谢和胡萝卜素转变成维生素 A 都离不开甲状腺素。

（6）硒（Se）是有毒矿物元素，又是动物生命活动所必需的矿物元素。动物体内含硒 $0.05 \sim 0.2$ 毫克/千克。肌肉中总硒含量最多，肝和肾中硒浓度最高，体内硒一般与蛋白质结合存在。

Se 的营养生理功能与维生素 E 有关，Se 有助于维生素 E 的吸收和利用。Se 是谷胱甘肽过氧化物酶的组成成分，对体内氢或脂过氧化物有较强的还原作用，保护细胞膜结构完整和功能正常。肝中此酶活性最高，骨骼肌中最低。硒对动物胰腺组成和功能具有重要影响。硒有维持肠道脂肪酶活性，促进乳糜微粒正常形成，从而起促进脂内及其脂溶性物质消化吸收的作用。

（7）钴（Co）、氟（F）、铬（Cr），水产动物不需要无机态的钴，只需要体内不能合成而存在于维生素 B_{12} 中的有机钴（维生素 B_{12} 中约含钴 4.5%）。在鲤饲料中添加钴盐，可促进其生长和血红素的形成。钴的吸收率不高，饲料中摄入的钴约 80% 随粪便排出。在缺钴条件下，微生物合成维生素 B_{12} 可提高到 13%，但吸收率则下降到 3% 左右。

氟是分布于动物全身的一种微量元素，主要存在于骨骼和牙齿中，动物体摄入氟的 $60\% \sim 80\%$ 以氟磷灰石形式沉积于骨骼和牙齿中。氟的吸收比较有效，吸收率可达 $80\% \sim 90\%$。不同化学形式的氟吸收率差异很大，骨粉中氟吸收率仅有 45% 左右。一般生产条件下不易出现缺氟。水产动物在氟摄入量很低时。可通过增加肾脏的重吸收、提高骨骼对氟的亲和力和减少排泄来保证体内的需要。

体内铬分布较广，浓度很低，集中分布不明显。动物随年龄增加，体内 Cr 含量逐渐减少。Cr 的氧化价有 0、$+2$、$+3$ 和 $+6$ 价。铬吸收率很低，只有 $0.4\% \sim 3\%$。六价 Cr 比三价 Cr 更易吸收。草酸促进 Cr 的吸收，而铁、锌和植酸等降低 Cr 的吸收。进入体内的六价 Cr 比三价 Cr 更易吸收。草酸促进 Cr 的吸收，而铁、锌和植酸等降低 Cr 的吸收。进入体内的六价 Cr 与血红蛋白结合运转，而三价 Cr 与血浆球蛋白结合转运。Cr 和 Fe 都能与转铁蛋白结合，并有竞争作用。血液中 Cr 周转代谢交快，进入体内的 Cr 几天内就排出体外。水产动物体内源铬主要经尿排泄，少量经胆和鳃排泄。

40. 水产动物对矿物质的需求范围如何？

水产动物饲料中矿物质不足或过量都会对其产生不利的影响。水产动物矿物质需求量一般是根据待测矿物质在水产生物的血液、肌肉、肝脏和骨骼中的积累量而确定。

（1）钙和磷。一般来说，鱼类可以从水中获取一定数量的钙，因此鱼类饲料中添加的钙通常比畜禽动物要少。当斑点叉尾鮰和鲤分别饲养在 14 毫克/升和 20 毫克/升含钙的水体，其饲料中添加 0.03%～0.05% 的钙，没有出现任何缺乏症；但如果生活在缺钙的水体，其饲料中需添加 0.45% 的钙，才能正常生长。

鱼类对水中的磷吸收量很少，不能满足其生理需求量，因此在饲料中必须添加磷。斑点叉尾鮰饲料中需要添加 0.42%～0.53% 的磷，鳟鱼饲料中需要添加 0.6% 的磷，鳗鲡对磷的需要量为 0.29%，罗非鱼饲料中需要添加 0.8%～1.0% 的磷，鲤鱼需要添加 0.6%～0.7% 的磷。

（2）镁。海水中含有较丰富的镁（Mg），一般海水养殖真鲷，不会出现缺乏症。淡水中 Mg 含量一般为 1～4 毫克/升，饲料中须补充部分 Mg。以精制饲料喂虹鳟，其 Mg 的需求为 0.05%。一般鱼类 Mg 缺乏很少出现。饲料中 Mg 是否缺乏，一般是用鱼类骨骼中 Ca/Mg 进行判断，因为饲料中镁含量低时，骨中 Mg 含量下降，Ca 含量增加，P 含量不变（如鲤、鳟）。

（3）铜和铁。虹鳟和鲤对 Cu 的需求量为 3 毫克/千克。一般鱼类对铜的需求量为 3～6 毫克/千克。鱼粉中 Cu 含量约为

3.9毫克/千克。一般添加鱼粉饲料中需额外添加部分 Cu。鱼类对饲料中 Cu 的耐受性较好，如虹鳟可耐受 665 毫克/千克含 Cu 的饲料，但当养殖水体中硫酸铜含量为 0.8～1.0 毫克/升时，会对很多鱼类产生毒性。由于水体中溶解性铁较少，鱼、虾主要从饲料中获取 Fe。硫酸亚铁和氯化亚铁可作为鱼类饲料中优质的铁源。鱼类对饲料中不同形态 Fe 的利用率不同，三氯化铁和氯化亚铁的利用率高于柠檬酸铁。鲤和斑点叉尾鮰对 Fe 的需求量分别为 150 毫克/千克。虹鳟饲料中铁的含量达到 1 380 毫克/千克时，就容易出现毒性症状。

（4）锌和锰。虹鳟和鲤对饲料中 Zn 的耐受性较高，当饲料中 Zn 含量为 1 700～1 900 毫克/千克时，没有出现中毒症状。但急性毒性实验结果表明，它们对水体锌的耐受力较差，为 0.15～50 毫克/升。斑节对虾对饲料中锌的需求量为 35～48 毫克/千克。一般鱼类对饲料中 Zn 的需求量为 15～67 毫克/千克。

鱼类既能从养殖水体中吸收 Mn，又能从饲料中摄入 Mn。饲料中一般含锰较丰富，一般不会发生缺乏现象。鲤和虹鳟对 Mn 的需求为 13 毫克/千克。斑点叉尾鮰对 Mn 的需求量较低，为 2.4 毫克/千克。

（5）钴、碘和硒。钴（Co）是鱼、虾类必需的矿物元素。鲤和草鱼幼鱼对 Co 需求量分别为 0.1 毫克/千克和 0.04～0.05 毫克/千克。一般鱼类对 Co 的需求量为 0.04～4.3 毫克/千克。目前关于鱼类对碘需求的研究较少，斑点叉尾鮰和虹鳟对碘的需求量为 1.1 毫克/千克。鱼类对硒（Se）的需求量随摄入 Se 的形态、饲料中 Se 的效价、维生素 E 含量和养殖水体中 Se 含量不同而变化。虹鳟和斑点叉尾鮰对饲料中 Se 的需求量分别为 0.15～0.38 毫克/千克和 0.25 毫克/千克。

在实际生产中，鱼类饲料中各种矿物质添加量受到多种因素的影响，生产中鱼类饲料中矿物元素添加量可参考我国水产行业相关鱼类矿物质营养标准（表 2-7）。

表 2-7　几种鱼类矿物质需求量推荐值（克/千克饲料）

矿物质种类	草鱼	鲤	罗非鱼	青鱼
Ca	2	0.3	25	—
P	—			
K	4.6	1		
Na	2	1		
Cl	0.3			
Mg	0.3	$0.3 \sim 0.5$	0.6	
Fe	0.2	$0.1 \sim 0.15$	0.06	0.05
Cu	4×10^{-3}	$1 \times 10^{-3} \sim 3 \times 10^{-3}$	6×10^{-3}	$3 \times 10^{-3} \sim 5 \times 10^{-3}$
Mn	2×10^{-2}	$1.2 \times 10^{-2} \sim 1.3 \times 10^{-2}$	0.05	$0.012 \sim 0.013$
Zn	4×10^{-2}	$0.15 \sim 0.2$	0.1	$0.05 \sim 0.1$
I	8×10^{-4}	$1 \times 10^{-4} \sim 3 \times 10^{-4}$	1×10^{-3}	$1 \times 10^{-4} \sim 3 \times 10^{-4}$
Se		$1.5 \times 10^{-4} \sim 4 \times 10^{-4}$	2×10^{-4}	$1.5 \times 10^{-4} \sim 4 \times 10^{-4}$
Co	1.2×10^{-4}	$5 \times 10^{-6} \sim 1 \times 10^{-5}$	1×10^{-3}	$1 \times 10^{-4} \sim 1 \times 10^{-3}$

41. 水产动物矿物质缺乏症有哪些？

　　饲料中矿物元素长期缺乏或不足时，水产动物容易出现生理机能失调，继而出现各种矿物质缺乏症。但是饲料中摄入过量的矿物质也可能产生毒性效应，几乎所有的必需矿物元素摄入过量后都会出现中毒反应，但不同矿物元素引起中毒的剂量存在很大差异。

　　典型的矿物质缺乏症一般是与该矿物质的主要生理功能相关联。如钙缺乏时，一般会引起骨骼生长发育异常。虹鳟长期缺乏钙表现出生长下降、饲料转化效率低、厌食、骨骼矿化程度降低。鲤磷缺乏症表现为生长差、骨骼发育异常，头部畸形，脊椎骨弯曲、肋骨矿化异常。大鳞大麻哈鱼钾缺乏时出现厌食、惊厥和痉挛等症状。各种鱼类不同矿物质缺乏症既表现出相同的特征，也有其自身的特征，如表2-8所示。

表2-8　各种鱼类矿物质缺乏症

矿物质种类	各种鱼类的缺乏症
Ca	生长下降，饲料转化效率低①②③④；厌食①；骨骼矿化降低①。
P	生长下降①②③④①，饲料转化效率低①②③④；骨骼矿化降低①①①①①；厌食①；骨骼畸形①①；头盖骨畸形①；脊柱弯曲并呈海绵状增大①；内脏脂肪含量增加①。
K	厌食①；惊厥①；抽搐①；死亡①。
Mg	生长下降①①①①；厌食①①①①；呆滞①①①；肾钙质沉着症①；抽搐①；白内障①①；肌纤维、幽门垂上皮细胞及鳃丝退化①；骨骼变形①；骨骼矿化度降低①；骨骼①①①①①、鱼体①和血清①中镁含量降低；死亡①①①。
Fe	生长下降，饲料转化效率低；低色小红细胞性贫血①①①①①①；血细胞容积和血色素水平降低①①；血浆铁含量和贴传递蛋白饱和度低①①
Zn	生长下降①①①①；厌食①；体型粗短①；白内障①①；鳍条腐烂①①；皮肤腐烂①；鱼体锌①、骨骼锌①①、骨钙①①含量，血清锌下降①①；死亡①①。
Mn	生长下降①①①①；身体平衡性下降①；体型粗短①①；白内障①①；死亡率高①①；鱼体和骨骼锰含量下降①①；卵孵化率低①①①；尾鳍生长异常①。
Cu	生长下降①；白内障①；肝脏 Cu/Zn 超氧化物歧化酶①和心脏细胞色素 c 氧化酶下降①①。
Se	生长下降①①；贫血①；白内障①；肌肉萎缩①；渗出性素质①；谷胱甘肽过氧化物酶活性降低①①①
I	甲状腺增生①①①

①虹鳟；②溪鳟；③大西洋鲑；④大麻哈鱼；⑤大鳞大麻哈鱼；⑥斑点叉尾鮰；⑦鲤；⑧日本鳗鲡；⑨真鲷；⑩奥利亚罗非鱼；⑪莫桑比克罗非鱼。

42. 能量营养有什么意义？

水产动物为维持生命和正常代谢活动，必须不断地从环境中摄取食物，食物中的营养物质在体内进行一系列复杂的化学反应，并释放出能量。因此，水产动物从饲料中获得营养物质的同时也获得了能量。水产动物的新陈代谢实质上包括物质代谢和能量代谢两个紧密相关的过程。

一切生命活动都需要能量，各种细胞的生长及增殖、体组织的更新、神经冲动的传导、生物电的产生以及肌肉的收缩等都需要能量。没有能量，水产动物体内的任何一个器官都无法实现正常功能。

水产动物所需的能量主要来源于饲料中的蛋白质、脂肪和碳水化合物，这三大类营养物质在体内代谢过程中经酶的催化，通过一系列的化学反应释放出储存的能量，因此这三类物质又被称为能源营养物质。无机盐大都被氧化成稳定态，维生素含量极微，含能量又少，因此不作为能源营养物质。

脂肪和碳水化合物均由碳（C）、氢（H）、氧（O）三种元素组成，能够完全氧化，生成水和二氧化碳等物质。蛋白质除含有 C、H、O 三种元素外，还含有氮（N）、硫（S）等元素，N在体内不能彻底氧化，因此蛋白质的氧化产物除水、二氧化碳等物质外，还包括含氮废物，三大营养物质氧化时释放出储存的能量，碳水化合物的平均产热量为 17.154 千焦/克，脂肪为 39.539 千焦/克，蛋白质为 23.640 千焦/克。

43. 能量在水产动物体内是如何转化的？

水产动物所利用的能量来自于饲料，能量在水产动物体内的分配可通过一个基本模型来表示。根据能量守恒定律，该模型可归纳为能量收支式：

$$C＝F＋U＋SDA＋Rs＋Ra＋G$$

式中，C 为摄食能；F 为粪能；U 为排泄能；SDA 为特殊动力作用；Rs 为标准代谢；Ra 为活动代谢；G 为生长能。

能量收支式还包含吸收能 A、同化能 A'和净能 NE 等概念，其中：

$$A＝C－F$$

$$A'＝C－F－U$$

$$NE＝C－F－U－SDA$$

在营养学研究中，吸收能 A 被写作可消化能 DE。下面分别介绍能量收支式各组分的含义及测定方法。

（1）摄食能。又称总能，指食物中所含的能量，也就是食物中三大营养物质氧化燃烧所释放出来的能量。

饲料的能量等于饲料完全燃烧时所放出的热量。所谓完全燃烧，是指组成饲料的各元素经过燃烧反应后，必须呈现本元素的最高化合价，如 C 经燃烧反应后变成 CO_2 是完全燃烧，变成 CO 则不是。

摄食能也可通过间接推算法求得。蛋白质、脂肪和碳水化合物的平均产热量是已知的，若再知道饲料中 3 种物质的含量，则可用过计算求得摄食能：

$$C（千焦）＝23.640P＋39.539L＋17.154CARB$$

式中，C 代表摄食能；P、L 和 CARB 分别代表饲料中蛋白质、脂肪和碳水化合物的含量；系数分别代表 3 种物质的平均产热量（千焦/克）。

不同饲料中同类营养物质的产热量可能不同，但计算时均使用相同的平均产热量，可能使结果有一定误差。在条件具备时，一般都采用直接测定法。

（2）粪能（F）和可消化能（DE）。粪能指粪便中未被消化的食物经粪便排出的部分所包含的能量，实际测定的粪能还包括少量肠道微生物及其产物、消化道脱落上皮细胞以及消化道分泌物所包含的能量。

可消化能被定义为摄食能减去粪能后所剩余的能量，即已消化吸收的养分所含的能量，也称为吸收能，粪便中不仅包含饲料残渣，还包含少量肠道微生物及其产物、消化道脱落上皮细胞以及消化道分泌物。因此，从摄食能中扣除粪能所得到的消化能往往低于真实值，这种消化能称为表观消化能。真消化能的计算公式为：

真消化能＝摄食能－（粪能－由粪中排出的其他能量）

饲料中各营养素可消化能具有加成性质，配合饲料中各种原料的可消化能之和与该配合饲料的消化能值相等。作为能量指标，可消化能的这种加成性质在饲料配方实践中具有重要意义（李爱杰，1994）。

在实际操作中，要收集全部粪便非常困难，一般采用指标物法测定能量消化率，再计算可消化能：

可消化能＝摄食能×能量表观消化率

（3）排泄能。水产动物代谢的主要能源物质为脂肪、碳水化合物和蛋白质。前两者在体内可完全氧化，排出的代谢终产物为二氧化碳和水，蛋白质不能完全氧化，排出的代谢终产物为氮排泄物，这种排泄物含有能量，称为排泄能。真骨鱼类的氮排泄能主要为氨和脲氮，又主要以氨氮形式排除，占总氮的 80%～98%（Elliott，1979）。

（4）代谢能。代谢是生物体内所发生的用于维持生命的一系列有序的化学反应的总称，是水产动物能量支出的一种主要方式。鱼类的代谢分为标准代谢（R_s）、特殊动力作用（SDA）和活动代谢（R_a）。

① 标准代谢是鱼、虾类在静止状态下，胃肠内食物刚被吸收完时的代谢率。

体重和水温等多种因素会影响鱼类的标准代谢。鱼类的标准代谢（R_s）与体重（W）的关系可用下式表示：

$$R_s = aW^b$$

体重指数 b 的大小及变化规律反映了体重对标准代谢影响的程度，一般来说，b 值多在 0.7～0.9 之间，但有时可小到 0.4，大到 1.0，就同一种类来说，个体小的鱼 b 值更大。

水温是影响标准代谢的重要因素。标准代谢的测定要求动物处于静止及空腹状态，但对于鱼、虾类（特别是游泳活跃或较活跃鱼类）而言，静止这一条件难以达到。测定标准代谢可采用以下 5 种方法（刘家寿，1998）：测定呼吸中饥饿鱼类自发活动时的代谢率，将其当作标准代谢；测定饥饿鱼类在呼吸仪中不同游泳速度下的代谢率，通过代谢率与游泳速度的回归关系，求出游速为零时的代谢率即为标准代谢率（参见活动代谢）；使用极小的呼吸仪，使饥饿鱼类的活动受到限制，从而忽略游泳活动，测定鱼在无外界干扰时的代谢率，将其作为标准代谢率；将鱼饥饿一段时间，使鱼体失重，测定实验开始及结束时的鱼体含能量，同时测定饥饿鱼一天的排泄能（U），再根据能量收支式计算标准代谢；将长期观察到的鱼类的最低代谢率当作标准代谢率。

② 特殊动力作用（SDA）。鱼类摄食后，身体的产热量增加，这部分增加的能量消耗称为特殊动力作用，又称热增生或体增热。一般认为 SDA 的产生主要是由摄食后体内蛋白质合成周转率短期内上升引起的，是蛋白质合成、分解以及氨基酸的氧化等加速所致。这个过程通过食物诱导体液中甲状腺激素水平的改变来实现和调节。

鱼类一般在摄食 30 分钟后即开始出现 SDA，并急速达到最大值（为饱食时的 1.5～3 倍），SDA 持续的时间与蛋白质吸收所需要的时间有密切关系。SDA 总量与摄食率呈正比，而 SDA 占摄食能的比例一般随摄食率的增加而减少，就同种鱼类摄食同一种食物而言，这一比例一般较为恒定，但对不同种类的鱼类或同种鱼类摄食不同食物而言，这一比例差别较大。

③ 活动代谢（R_a）。活动代谢是指鱼体以一定强度做位移运动（游泳）时所消耗的能量。活动代谢是鱼类能量代谢中最难估计的成分，一般用以下方法进行定量分析：

第一，通过游泳速度定量活动代谢。在实验室条件下，通过强迫鱼类在单向恒速水流中逆水游泳，或者是测定鱼类自由游泳速度，同时测定鱼体的耗氧，建立游泳速度与耗氧率之间的回归关系，从而获得游泳速度与活动代谢的定量关系，再利用这种关系，将通过立体影像图形系统（SCG）等手段获得的野外游泳速度转化成活动耗能。

第二，通过生理遥测方法获得实验鱼的肌电图。肌电图记录肌肉收缩产生的电讯号，反映肌肉收缩的强度、持续时间和频率。

第三，通过能量收支差减法计算鱼类活动耗能。计算式为：

$$R_a = C - G - F - U - R_s - SAD$$

式中，R_a 为活动代谢能；C 为摄食能；G 为生长能；F 为粪能；U 为排泄能；R_s 为标准代谢能；SDA 为特殊动力作用。

（5）生长能（G）。生长能可用终末鱼体能值与初始鱼体能值之差来表示：

$$G = E_t \times W_t - E_0 \times W_0$$

式中，G 为生长能；E_t 和 E_0 分别为试验结束和开始时单位质量鱼体的能值；W_t 和 W_0 分别为试验结束和开始时鱼体的质量。

（6）同化能（A'）和净能（NE）。同化能为可消化能与排泄能之差，即 A' = C - F - U。

净能是可以被机体完全利用的能量，一部分用于机体的基本生命活动，如标准代谢、活动代谢等；另一部分用于机体生产，如生长、繁殖等。净能一般通过差减法求得，NE = C - F - U - SDA。式中，A 为同化能；NE 为净能；C 为摄食能；F 为粪能；U 为排泄能；SDA 为特殊动力作用。

44. 鱼类能量代谢的测定方法有哪些？

代谢能也可以通过能量收支差减法计算求得，或者直接通过测定鱼体释放的热能求得。

（1）耗氧法。测定原理及基本步骤：蛋白质、脂肪和碳水化合物在鱼体内分解代谢时均需消耗一定数量的 O_2 并产生一定数量的 CO_2，同时产生一定的热量，耗氧量和产热量间有一定的比例关系。通过测定鱼体在一定时间内的耗氧量，利用热价、氧热价及呼吸熵等数据，可计算出机体内三大营养物质在一定时间内氧化分解产生的热量，这一热量即为机体的代谢能，这种方法又称为呼吸测定法。

简化方法：上述方法非常繁琐，在应用中一般并不需要分别知道蛋白质以及碳水化合物和脂肪各自的产热量，而是测出总的耗氧量和 CO_2 产量，计算出呼吸熵，并将此混合呼吸熵看作非蛋白呼吸熵，查表得出氧热价，再求出近似的三大营养物质产热量：

三大营养物质产热量＝氧热价×总耗氧量

在实际测定中最常用的是更简化的方法，即只测出总耗氧量，再人为确定氧热价，再将氧热价与耗氧量相乘，计算出产热量。

（2）间接推算法。采用生长实验，将鱼在水质良好并有足够生长空间的循环水系统中养殖一段时间，投喂添加了人工指示物的配合饲料。试验期间准确计算摄食的饲料量，定时收集鱼体粪便，一段时间后鱼体有一定的体质量增长，通过前面介绍的方法，采用氧弹量热仪测定摄食能、粪能和生长能，同样通过前面介绍的方法测出排泄能，或从氮收支间接计算排泄能，通过公式 R＝C－F－G－U，求得代谢能。

这种方法对养殖设备没有特殊要求，可以设计较多的处理。

但该方法精确性相对较差，因为代谢能通过计算获得，各组分测定的误差都加到代谢能上；此外，这种生长试验虽然周期较长，但一般测定排泄能所用的时间较短（1 天或数天），用通过短期测定的排泄能代表整个试验期的排泄能也可能有较大的误差，从而导致代谢能的计算出现误差。由于这种办法对设备要求不高，所以常用来计算代谢能并构建能量收支式。

（3）直接测定法。鱼类摄食饲料后，各种营养元素在体内分解产生能量，再供给机体各种活动之需，最终以热的形式散发出来，这种热能即等于代谢能。由于热量会导致水温改变，所以热能可以通过测定水的温差和水的体积获得。但该法的缺陷是鱼在密闭的狭小容器中，不能代表其真正活动状态；水的热容积大，水温变化很难精确测定；难以较长时间测定。因此，这种方法不常用。

45. 各营养素之间有什么相互关系？

各种营养物质在水产动物体内不是孤立起作用的，它们之间存在着复杂的相互关系。任何一种营养素在机体内从消化吸收开始到代谢结束，都与其他营养物质密切相关。它们之间或相互协同，或相互制约，或互相拮抗。各营养素之间的相互关系按其表现形式可分为协同作用、拮抗作用、相互转化和相互替代。由于各种营养物质共同存在于饲料原料中，而任何单一的一种饲料所含的营养物质，均不可能完全满足养殖对象的营养需求。实际生产中一般是利用各种饲料原料配制成满足水产动物营养需求的配合饲料。各种配合饲料的营养价值不仅取决于其中主要营养物质的含量，而且取决于这些营养物质之间的配比是否适宜。

（1）蛋白质与氨基酸之间的关系。蛋白质是维持水产动物生命活动和生长所必需的营养物质，由 20 多种氨基酸构成，水产动物对蛋白质的需求实际上就是对氨基酸的需求。当组成蛋白质的各种氨基酸同时存在且按需求比例供给时，水产动物才能有效地合成蛋白质。饲料中缺乏任何一种氨基酸，即使其他必需氨基酸含量充足，体蛋白合成也不能正常进行。

（2）氨基酸之间的相互关系。饲料中组成蛋白质的各种氨基酸之间存在复杂的关系，它们在水产动物体内的代谢过程中也出现协同、转化、替代和拮抗等关系。

蛋氨酸与胱氨酸、苯丙氨酸与酪氨酸之间分别存在着协同和转化的作用。体内苯丙氨酸可以转化为酪氨酸，但酪氨酸不能转化为苯丙氨酸，若饲料中酪氨酸含量足够，即可使苯丙氨酸用于转化为酪氨酸的量减少甚至不转化，这样就可节约苯丙氨酸这一必需氨基酸的用量。

蛋氨酸和胱氨酸之间也存在协同和转化关系，鱼体内半胱氨酸和胱氨酸可以由蛋氨酸转化而来，而蛋氨酸不能在体内由胱氨酸和半胱氨酸合成，因此饲料中胱氨酸可以部分替代蛋氨酸，而且替代比例可达到很高的水平。

不少研究表明，精氨酸与赖氨酸之间存在拮抗作用，但赖氨酸-精氨酸拮抗现象存在种属差异。赖氨酸和精氨酸比例不同时，赖氨酸可作为精氨酸的激活物或作为精氨酸的抑制物，而无论饲料中两者比例如何变化，精氨酸都是赖氨酸的抑制物。

（3）蛋白质和氨基酸与矿物元素之间的关系。蛋白质、氨基酸与矿物元素的关系十分复杂，但目前相关的研究报道非常有限。高蛋白饲料和某些氨基酸特别是赖氨酸可促进钙和磷的吸收。许多矿物元素在参与蛋白质代谢相关的酶类中发挥作用，如含锌的肽酶、含铜的赖氨酰氧化酶等。因此，矿物元素缺乏导致蛋白质代谢异常，如缺锌后各种含锌酶的活性降低，胱氨酸、蛋氨酸、亮氨酸及赖氨酸的代谢紊乱，结缔组织中的蛋白质合成受到影响。硫、磷、铁等元素作为蛋白质的组成成分，直接参与蛋白质的代谢。

（4）蛋白质和氨基酸与维生素之间的关系。饲料中蛋白含量不足时，可影响维生素 A 载体蛋白形成，使维生素 A 的利用率降低，维生素 A 不足，可影响蛋白质大合成。维生素 B_6 以磷酸吡哆醛形式组成多种酶的辅酶，参与蛋白质、氨基酸的代谢。因此，饲料中维生素 B_6 不足，引起各种氨基酸转移酶活性降低，影响氨基酸合成蛋白质的效率；维生素 B_6 不足时，动物对色氨酸的需要量增加。维生素 B_2 作为黄霉素的成分，催化氨基酸转化，参与蛋白质代谢。蛋氨酸通过甲基的供给，可部分补偿胆碱和维生素 B_{12} 的不足，胆碱在体内参与许多甲基转移反应，是甲基的供体，因此饲料中胆碱不足会使蛋白质合成减弱。维生素 B_{12} 参与高半胱氨酸甲基化生成蛋氨酸。饲料中蛋白水平较高时，通常应提高有关维生素水平以满足蛋白质代谢的需要。

（5）蛋白质、脂肪及糖类之间的关系。组成蛋白质的各种氨基酸均可在水产动物体内生成脂肪。生酮氨基酸变为非必需脂肪酸，生糖氨基酸可以转化为糖，然后转变为脂肪。脂肪中的甘油可通过糖代谢的中间产物磷酸二羟丙酮（DHAP）而转变为糖类。脂肪酸并不能合成糖类。反之，糖类可转化为脂肪，糖类代谢的中间产物磷酸二羟丙酮可还原生成磷酸甘油，而乙酰辅酶 A 则可缩合成长链脂酰辅酶 A。然后，磷酸甘油与脂酰辅酶 A 经酯化可生成脂肪。

蛋白质在水产动物体内可转化为糖类。各种氨基酸均可经脱氨基作用生成酮酸，然后沿糖异生途径合成糖类。反之，糖类亦可转化为非必需氨基酸。

对于鱼类而言，脂肪和糖类对蛋白质具有节约作用，充分供给脂肪和糖类可以保证其对能量的需要，避免或减少蛋白质作为供能物质的分解代谢，有利于维持机体的氮平衡，增加氮的储积量。

必需氨基酸并不能由脂肪或糖类转化而成，必需氨基酸亦不能由蛋白质或糖类转化而来，它们都必须依赖饲料中蛋白质（含必需氨基酸）和脂肪（含必需脂肪酸）提供。因此，水产动物饲料中必须有一定量的蛋白质和脂肪，才能满足其营养需要。

（6）矿物质之间的关系。水产动物体内各种矿物质之间存在相互作用或相互影响，这种作用或影响可能发生于消化吸收过程中，也可能发生于中间代谢过程中。①协同作用。很多矿物质元素之间存在着协同作用，或者是两个元素之间的协同作用，或者是多个元素之间的协同作用。饲料中钙和磷之间既表现出协同作用，又表现出拮抗作用。钙和磷比例适宜时，既有利于钙和磷的吸收，又有利于钙和磷在体外的利用；当两者比例不当时，便会产生完全相反的效果，钙含量过高，降低磷的吸收，磷含量过高则降低钙的吸收。铁、铜和钴之间也存在明显的协同作用。铁是形成血红蛋白的原料之一，铜和钴则促进红细胞的生长和成熟。若缺少三种元素中的任何一种，均会使红细胞的生长发生障碍，产生贫血症。钠、钾和氯在维持体内离子平衡和渗透压调节方面具有协同作用。②拮抗作用。矿物元素之间的拮抗作用可能发生在消化吸收和利用过程中，由于两个或多个元素之间比例不恰当时，一方面抑制另一方或多方的吸收利用。钙不仅与磷拮抗，而且高钙饲料还可抑制锰和镁的吸收。钙和锌之间也存在拮抗作用，摄食大量的钙会抑制锌的吸收和利用，饲料中过高的磷也会干扰锌的吸收，过高的钙和磷会导致锌在肠道中形成不溶性的磷酸钙锌复合物而影响锌的吸收。饲料中含铁量高时可减少磷在胃肠道内的吸收。

（7）矿物质与维生素之间的关系。①协同作用。维生素 D 及其激素代谢产物作用于肠道黏膜细胞，形成钙结合蛋白，这种结合蛋白可促进钙、镁和磷的吸收。维生素 D 还能促进鱼类鳃、皮肤、肌肉和骨骼等组织对周围水体中钙的吸收和利用。维生素 D 对维持动物体内的钙和磷的平衡起重要作用。维生素 E 和硒之间具有协同作用。维生素 E 和硒对机体的代谢和抗氧化作用很相似。在一定程度上，维生素 E 可代替硒的作用，但硒不能代替维生素 E，饲料中维生素 E 不足时易出现硒的缺乏症，而维生素 E 又必须在硒的存在下才能发挥正常的生理作用。维生素 C 能促进肠道内铁的吸收，还促使传递蛋白中三价铁离子还原为亚铁离子，从而促进铁的吸收。②拮抗作用。饲料中多数矿物元素能加速维生素 A 的破坏过程，饲料中微量元素添加剂可使维生素 A、维生素 K_3、维生素 B_1 等的效价降低，所以两者不能同时混用。亚铁离子会加速脂溶性维生素 A、维生素 D、维生素 E 的氧化破坏，故脂溶性维生素一般不与硫酸亚铁、氯化亚铁等矿物盐同用。饲料中钙可使维生素 D_3 很快破坏，所以硫酸钙、石灰石和贝壳粉一般不可与维生素 D_3 混用。

（8）维生素与其他营养物质的关系。①协同作用。维生素 B_{12} 在鱼类体内的利用过程需要叶酸的参与，而维生素 B_{12} 缺乏时，叶酸便不能转化为有活性的四氢叶酸。鱼类饲料中维生素 B_{12} 和叶酸中的任何一种不足时，都可以使红细胞碎裂褶皱或不成熟，导致鱼类贫血。维生素 B_{12} 也能提高叶酸的利用率，促进胆碱的合成。维生素 E 在饲料中或在肠道中可以保护维生素 A 和胡萝卜素免遭氧化破坏，还能促进维生素 A 和胡萝卜素的吸收及其在肝脏和其他组织中的储存，减少维生素 A 和胡萝卜素的损耗。另外，维生素 E 对胡萝卜素在体内转化为维生素 A 具有促进作用。维生素 B_1 在体内是氧化脱羧酶的辅酶，而维生素 B_2 则是黄素酶的辅酶，在促进碳水化合物与脂肪的代谢过程中有协同作用。维生素 C 能减轻因维生素 A、维生素 E、硫胺素核黄素、维生素 B_{12} 及泛酸不足所出现的症状。在虹鳟饲料中，叶酸与生物素两者比例适宜时可促进其生长，但生长素使用过多会导致生物素与叶酸产生拮抗作用，使虹鳟生长受阻。②拮抗作用。维生素 B_1 对叶酸稍有破坏性，维生素 B_2 对叶酸的破坏性显著。维生素 B_1 还可加速维生素 B_{12} 在高温下的破坏作用。维生素 B_2 含量增加时，可加快维生素 B_1 在水溶液中的氧化。由于维生素 B_2 吸收蓝光，当有空气存在时，能催化维生素 C 的光氧化作用，而且维生素 B_2 和维生素 C 的破坏作用是相互的。维生素 C

的水溶液呈酸性，且具有较强的还原性，可使叶酸、维生素 B_{12} 破坏失效，故维生素 C 不可与叶酸和维生素 B_{12} 同时使用。在高温下维生素 B_2 可加速维生素 B_{12} 的破坏作用。

46. 饲料原料中抗营养因子有哪些？

饲料中含有碳水化合物、蛋白质、脂肪、矿物质、维生素等对营养和利用价值起积极作用的成分外，尚含有一些副作用成分，这些成分主要包括：①饲料原料本身存在的内源性抗营养分子；②饲料原料在生产、加工、储存、运输等过程中发生代谢或理化变化产生的内源性有毒有害物质；③在饲料原料生产链条中，对饲料产生污染的外源性有毒有害物质。

抗营养因子（ANF），亦称抗营养素。随着人们对抗营养因子认识的加深，对抗营养因子的定义也不断更新。现阶段把抗营养因子定义为生物中固有的或其代谢产生的对饲料中营养物质的消化、吸收和利用，以及对动物的健康和生产能力具有不良影响的物质。

饲料原料中的抗营养因子种类很多，按结构可分为：生物碱；苷类（又称配糖体，包括氰苷、硫葡萄苷、皂苷类等）；毒肽和毒蛋白（如植物红细胞凝集素、胰蛋白酶抑制因子、脲酶、蓖麻毒蛋白等）；酚类衍生物（如棉酚、单宁等）；有机酸（如草酸、植酸、环丙烯脂肪酸等）；非淀粉多糖（包括纤维素、半纤维素和果胶多糖）；胃肠胀气因子（如大豆中含有的低聚糖——棉子糖和水苏糖）；抗维生素因子；寡糖、植物性雌激素、抗原成分、氰、含羞草素、刀豆氨酸、佛波酯等。

按来源可分为：植物源性饲料中的抗营养因子（包括豆类、谷实类及块根、块茎类饲料中的抗营养因子，如蛋白酶抑制因子、植物凝集素、非淀粉多糖、植酸、单宁、生物碱、抗维生素因子和胃胀气因子；饼粕类和糟粕类饲料中的主要抗营养因子，如棉酚、硫葡萄糖苷、抗维生素 B_6 因子、蓖麻毒蛋白和有机酸类);动物源性饲料中的抗营养因子(如抗维生素 B_1 因子、抗维生素蛋白、和生鸡蛋清的蛋白酶抑制剂即类卵黏蛋白等);矿物质饲料和饲料添加剂中的抗营养因子(主要由伴生的重金属引起)。

现已查明,动、植物性原料都含有抗营养素,其中植物性原料尤甚。植物性原料的抗营养因子源于植物进化的结果,其目的是保护自身免受霉菌、细菌、病毒、昆虫、鸟类及野生草食兽的侵害和采食,从而保证这些物种在自然界繁衍生息,因此又被称为"生物农药"。因此,利用植物性原料作为水产动物饲料的成分,经常由于存在各种抗营养因子而受到限制。动物性原料中的抗营养因子相对较少,而且抗营养作用较弱。

水产动物常用的饲料中主要抗营养因子见表 2-9。同一种饲料原料往往含有多种抗营养因子。值得注意的是,同一种饲料原料的不同抗营养因子的相互作用可能减少各自的抗营养作用,如皂苷、单宁和凝集素、单宁和氰,它们之间可能有拮抗作用。

表 2-9　常用水产动物饲料原料中的主要抗营养因子

原料	抗营养因子
大豆饼粕	蛋白质抑制因子、凝集素、植酸、皂苷类、抗维生素类、抗原性物质、植物雌激素
豌豆饼粕	胰蛋白质抑制因子、凝集素、单宁、氰、植酸、皂苷类、抗维生素类
羽扇豆饼粕	蛋白质抑制因子、皂苷类、抗原性物质植物雌激素
棉籽饼粕	植酸、植物雌激素、棉酚、环丙烯脂肪酸、黄曲霉毒素、抗维生素类
菜籽饼粕	蛋白质抑制因子、硫葡萄糖苷、芥子酸、植酸、单宁
花生饼粕	蛋白质抑制因子、黄曲霉毒素
芝麻饼粕	蛋白质抑制因子、植酸
向日葵饼	蛋白质抑制因子、皂苷类、精氨酸酶抑制因子

（续）

原料	抗营养因子
蓖麻饼粕	植酸、蓖麻毒蛋白
亚麻饼粕	氰苷、抗维生素 B_6
紫花苜蓿叶	蛋白质抑制因子、皂苷类、植物雌激素、抗维生素
芥菜叶料	硫葡萄糖苷、单宁
含羞草叶	含羞草素
贝类、鱼虾	抗硫胺素
生鸡蛋清	抗生物素、蛋白质抑制剂

47. 常见抗营养因子及其毒害有哪些？

（1）胰蛋白酶抑制因子（TI）。蛋白酶抑制因子主要存在于豆类、花生等及其饼粕内，也存在于某些谷实类、块根、块茎类饲料中。胰蛋白酶抑制因子的抗营养作用主要表现在以下两方面：一是小肠液中胰蛋白酶结合生成无活性的复合物，降低胰蛋白酶的活性，导致蛋白质的消化率和利用率降低；二是引起动物体内蛋白质内源性消耗。因胰蛋白酶和胰蛋白抑制剂结合后经粪便排出体外而减少，小肠中胰蛋白含量下降，刺激了胆囊收缩素分泌量增加，使肠促使胰酶肽分泌增多，反馈引起胰腺机能亢进，促使胰腺分泌更多的胰蛋白酶原到肠道中。

斑点叉尾鮰幼鱼对溶剂抽提后的豆粕中胰蛋白酶抑制因子敏感，即使该抑制因子水平很低，仍然会降低幼鱼的生长速度和饲料利用率。

（2）红细胞凝集素。凝集素是生物界存在的一类能与糖专一、非共价可逆结合，促使细胞凝集的糖蛋白，包括植物凝集素、微生物凝集素和动物凝集素。大多数凝集素对肠道内的蛋白水解酶有抗性，因此能够与整个肠道内上皮表面的受体结合，上皮细胞的外被多糖使结合面积大大增加，会使刷状缘功能紊乱，妨碍消化道内蛋白质降解，并促使其随粪便排出，从而破坏营养物质的消化和与吸收。凝集素还影响蛋白质和脂肪代谢。豆饼中的红细胞凝集素在胃中可被胃蛋白酶破坏失活，对于有胃的鱼类问题不大，但对于无胃鱼类如鲤科鱼类则可能造成危害。

(3) 植酸。植酸广泛存在于植物体内，在禾谷籽实的外层（如麦麸、米糠）中含量尤其高；豆类、棉籽、油菜籽及其饼粕中也含有植酸，植物性饲料中的总磷 $50\%\sim70\%$ 为植酸磷（六磷酸肌醇）。由于非反刍动物不能或很少分泌植物酸，这些磷的利用率仅有 $0\sim40\%$。植物酸在胃肠道的消化过程中还可与多种金属离子如锌、钙、铜、铁等螯合成相应的不溶性复合物，从而降低矿物质在水产动物中的利用率。即使饲料中的锌足够，若同时存在植酸和高浓度的钙，仍可引起大鳞大麻哈鱼缺锌。有资料表明，在化学成分确定的饲料中添加 0.5% 植酸饲喂虹鳟，其生长和饲料效率降低了 10%，但对锌的吸收没有明显的影响。在含有 50% 豆饼粉的斑点叉尾鮰饲料中，锌的添加量应增加到正常生长需要量的 5 倍。

(4) 棉酚。棉酚是锦葵科植物种子的棉仁中所固有的一种色素。结合了蛋白质的结合态棉酚毒性较低，但游离态棉酚（FG）毒性较高。棉仁中棉酚含量平均为 11.3%。棉酚分子里含有活性醛基和羧基，它们能与动物体内许多酶的活性基团结合，使酶的活性降低，从而干扰动物的正常生理过程。棉酚是一种细胞性、血管性、神经性毒物，进入消化道后，对黏膜发生刺激，引起胃肠炎；能引起心脏、肝脏、胃等器官坏死；能增强血管壁通透性，促进血浆和血细胞渗到外周组织，使受害组织发生血浆性浸润和出血性炎症；能破坏雄性生精功能，使生育能力下降。棉酚在体内可与蛋白质、铁稳定结合，干扰血红蛋白中铁的作用，影响铁和蛋白质代谢，使之不能被吸收利用，引起缺铁性贫血。棉酚在体内有明显的积累性。棉酚溶于磷脂，能在神经细胞中积累，使神经系统机能紊乱。

当饲料中含 95 毫克/千克棉酚时，虹鳟肾小球基膜变厚，肝脏坏死并有蜡质样沉积等。一般认为，鲑科鱼类饲料中，游离棉酚的浓度应限制在 100 毫克/千克以下。饲喂斑点叉尾鱼鮰幼鱼含 900 毫克/千克游离棉酚的饲料时，其生长受抑制，部分原因是赖氨酸和棉酚发生不可逆的结合而引起赖氨酸缺乏所致。

（5）环丙烯脂肪酸（CPFA）。环丙烯脂肪酸存在于棉籽油饼中，而且不能在榨油过程中完全去除。饲料中的环丙烯脂肪酸引起虹鳟肝脏损伤，糖元沉积增加，饱和脂肪酸浓度升高。当环丙烯脂肪酸和黄曲霉毒素一起喂饲虹鳟和红大麻哈鱼时，有很强的致癌作用。

（6）硫葡萄糖苷。油菜、芥菜和其他十字花科植物的种子及其菜籽饼中均含有硫葡萄糖苷。传统的油菜籽中含 3%～8% 的硫葡萄糖苷。它本身无毒，但经硫葡萄糖苷酶水解成硫氰酸酯、异硫氰酸酯、噁唑烷硫铜和腈等，产生毒性，抑制甲状腺滤泡浓集碘的能力，导致甲状腺肿大。腈进入体内后通过代谢迅速析出氰离子，轻者引起动物肝脏、肾脏肿大和出血，重者死亡。虹鳟喂以传统的菜籽饼饲料，引起甲状腺增生，血浆甲状腺素的浓度降低。异硫氰酸酯有辛辣味，严重影响菜籽饼的适口性，对黏膜有刺激作用，影响动物食欲和消化，可引起胃肠炎。淡水鱼类饲料中菜籽饼的使用以不超过 30% 为宜。

（7）单宁。单宁是一类多酚类物质，主要有缩合单宁和可水解单宁两种。主要存在于高粱籽实和菜籽粕中。单宁具苦涩味，影响适口性。单宁分子中大量的酚羟基团和芳香环结构，可与蛋白质生成配合物，使蛋白质凝结沉淀，降低蛋白质效率，并影响水产动物的摄食量和其他营养素的消化吸收。单宁亦阻碍胰蛋白酶及 α-淀粉酶与底物形成可溶性复合物或降低这些酶的活性。单宁也与维生素 B_{12} 形成复合体，从而降低维生素 B_{12} 吸收率。用甲醇、氨、水、己烷浸提出部分单宁后，可提高菜籽粕及高粱的营养价值。

(8) 抗维生素因子。抗维生素因子一般有两类：①分解维生素或与之不可逆的结合，破坏维生素的生物活性，从而降低其效价，包括抗维生素 A、抗维生素 B_1、抗维生素 B_6、抗维生素 D、抗维生素 E、抗维生素 B_{12}、抗生物素及抗烟酸等，某些淡水鱼（鲤、鲫、泥鳅）、贝类（蛤）以及甲壳类（虾蟹）的组织中，特别是它们的内脏中含有硫胺素酶，能破坏硫胺素，发生硫胺素缺乏症，表现为生长速度明显下降，多发神经炎等；②化学结构和某些维生素相似，在动物代谢过程中与维生素竞争，干扰维生素的作用，引起维生素的缺乏，如双香豆素，其结构与维生素 K 非常相似，与维生素 K 产生竞争，干扰维生素 K 的吸收利用，使动物的凝血机制发生障碍。

(9) 芥子酸。芥子酸在菜油等十字花科植物籽实油中普遍存在，高芥酸油菜的籽实脂肪中芥子酸含量在 40% 以上。芥子酸是否有毒尚无定论。有试验表明银大麻哈鱼饲料中含有 3%～6% 的芥子酸就会导致死亡，鱼的皮肤、鳃、肾和心脏都出现病理学变化。

(10) 生物碱。生物碱在马铃薯及其块茎中称为配糖体生物碱，是一种天然毒物，被人或畜禽摄食后能导致严重的消化系统障碍及神经系统失调。某种生物碱还是胆碱酯酶的抑制因子，中毒时引起精神萎靡错乱等。某些饲料如聚合草含有天然生物碱，生物碱在动物肝脏中经代谢生成有毒的吡咯，产生毒害。虹鳟饲料中生物碱含量达到 2 毫克/千克时，就可引起肝脏受损坏死，并出现巨红细胞症等症状；生物碱达到 100 毫克/千克时，可造成生长严重受损，并导致死亡。

(11) 其他抗营养的物质。抗原蛋白存在于大多数豆科作物的籽实中，可引起肠壁反应和免疫反应。皂苷存在于豆科植物、牧草、新鲜的豆子和牛角花的种子中，可抑制消化、降低代谢酶的活性。脲酶主要存在于豆类植物中，可将尿素分解为氨和二氧化碳，过量的脲酶会导致尿素循环中氨的浓度升高，引起中毒。

48. 饲料中有毒有害的物质有哪些？

（1）亚硝酸盐。青绿饲料及树叶类饲料等都不同程度含有亚硝酸盐。在采摘收获后，如果组织破碎，就会释放出自身的硝酸还原酶；如果长期堆放和小火焖煮时，浸入的硝酸盐还原菌繁殖，产生硝酸还原酶，使所含硝酸盐还原为亚硝酸盐而产生毒性，亚硝酸盐进入血液后，亚硝酸离子是正常的血红蛋白氧化成高铁血红蛋白，使血红蛋白失去携氧功能，引起集体组织缺氧；还会使体内胡萝卜素氧化，妨碍维生素 A 形成；在体内争夺合成甲状腺素的碘，有致甲状腺肿的作用；在一定条件下可与仲胺或酰胺形成 N-亚硝基化合物，这类化合物对动物是强致癌物。我国《饲料卫生标准 饲料中亚硝酸盐允许量》（GB 13078.1—2006）规定鱼粉、肉粉、肉骨粉等原料中的亚硝酸盐（以 $NaNO_2$ 计）不得超过 30 毫克/千克。

（2）肌胃糜烂素。肌胃糜烂素是鱼粉加工温度过高、时间过长或运输、储藏过程中发生的自然氧化过程，都会使鱼粉中的组胺（由组氨酸经酶的作用分解而成）与赖氨酸结合成的一种产物。肌胃糜烂素可使胃酸分泌亢进，胃内 pH 下降，从而严重损害胃黏膜。在鱼粉加工干燥时，预先在原料中加入抗血酸或赖氨酸，也能抑制肌胃糜烂素的生成。

（3）组胺、挥发性盐基氮。组胺是动物性饲料产品中的游离组氨酸在某些污染微生物的组氨酸脱羧酶的催化下，发生脱羧作用而形成的胺类物质。某些鱼类含有大量游离的组氨酸，当家畜采食易产生胺中毒。为防止组胺形成，鱼从捕获至供作饲用的整个过程应予以冷藏。该类物质对水产动物的毒害作用尚不清楚。

挥发性盐基氮或称挥发性盐基总氮，指蛋白质分解而产生的氮以及胺类等碱性物质的总称。

组胺和挥发性氨基氮是动物性饲料产品蛋白质腐败变质的评价指标。我国有关动物性饲料产品规定的挥发性盐基氮和组胺的限量标准件表 2 - 10。

表 2 - 10　几种组胺和挥发性盐基氮的限量标准

产品名称	卫生指标项目	指标	依据指标
鱼粉	组胺（毫克/千克）	特级品≤300，一级品≤500，二级品≤1 000，三级品≤1500，白鱼粉≤40	GB/T 19164—2003
	挥发性盐基氮（毫克，以每百克计）	特级品≤110，一级品≤130，二、三级品≤150	
肉骨粉	挥发性盐基氮（毫克，以每百克计）	一级品≤130，二级品≤150，三级品≤170	GB/T 20193—2006

（4）过氧化物。富含脂肪的饲料产品，一方面受空气中氧气的作用，在高温、水分、金属离子等的催化作用下，脂肪易被氧化，称为自动氧化；另一方面受微生物分泌的脂肪酸酶的作用，已发生水解酸败，称为水解性酸败。氧化分解产物最初为羰基过氧化物，羰基过氧化物进一步氧化分解，最后分解成各种低分子的醛、酮、低级脂肪酸及其他氧化物，挥发性的醛、酮等物质使酸败的脂肪变色、变味，完全失去了饲用价值；脂肪的水解可产生游离脂肪酸、甘油等。

渔用饲料中鱼粉和鱼油占很大比例，尤其是在鱼苗饲料中高不饱和脂肪酸 含量较高。高不饱和脂肪酸极易氧化、酸败，产生不良气体。酸败渔用饲料可破坏鱼体的消化道上皮组织，直接致病或造成继发性细菌感染。它将使鱼虾厌食、生长迟缓、营养不良、孵化率和成活率降低。我国有关饲料原料中脂肪酸败指标的限量标准见表 2 - 11。

表 2-11　几种原料中脂肪酸败指标的限量标准

产品名称	卫生指标项目	指标	依据标准
鱼粉	酸价（以 KOH 计，毫克/克）	特级品≤3，一级品≤5，二、三级品≤7	GB/T 19164—2003
骨粉	酸价（以 KOH 计，毫克/克）	≤3	GB/T 20193—2006
肉骨粉	酸价（以 KOH 计，毫克/克）	一级品≤5，二级品≤7，三级品≤9	GB/T 20193—2006
混合油	酸价（以 KOH 计，毫克/克） 过氧化值（毫摩尔/千克）	≤20 ≤15	NY/T 913—2004
饲用鱼油	酸价（以 KOH 计，毫克/克） 过氧化值（毫摩尔/千克）	一级品≤1，二级品≤15 一级品≤6，二级品≤8	SC/T 3504—2006

（5）农药。农药使用后，或多或少在农作物（饲料）上残留，植物性原料中的农药被动物长期采食后，在动物体内累积并残留。对饲料容易产生污染的农药主要有杀虫剂、杀菌剂和除草剂，一般要求饲料作物施用低毒农药，且按农药施用规范执行停药期后再采收，避免农药被带进饲料。

（6）黄曲霉素。黄曲霉素是黄曲霉或寄生曲霉产生的毒素。黄曲霉或寄生曲霉多生长在未收割的农作物或储藏的粮食上，特别是玉米、稻、谷、花生、棉籽、豆类、麦类、酒槽、油饼类、酱油渣上。花生饼粕及籽饼粕易感染黄曲霉。

黄曲霉素是一类化学结构非常类似的衍生物，目前已明确结构的共有 10 多种，其中以黄曲霉素 B_1 含量最多，毒性也最大，在检测饲料中黄曲霉素的含量和对其进行评价时，一般以黄曲霉素 B_1 作为主要指标。在水分含量大于 14％、合适的温度、相对湿度大于 70％、有合适的碳水化合物和氧的条件下，黄曲霉易于生长。黄曲霉素耐高温，在一般烹调加工的温度下很少能被破坏，在 280 ℃时才发生分解。

虹鳟是对黄曲霉毒素最敏感的动物之一，若长期摄入会引起肝肿瘤。热水鱼如鲶鱼对黄曲霉毒素不太敏感。研究认为黄曲霉毒素对鱼和虾有明显的致畸作用（艾红，2003）。但也有研究论述，由于水产动物消化系统和恒温哺乳动物消化系统的不同，中国对虾对黄曲霉毒素 B_1 不敏感。目前，关于黄曲霉毒菌对水产动物的致死量、代谢过程、靶器官及在体内各部位的积累和残留情况没有全面深入的研究，安全限量一般参照禽畜饲料标准。

（7）沙门菌。沙门菌是重要的肠道致病菌，可引起哺乳动物类、禽类、爬虫类和鱼类败血型和急慢性肠炎性沙门菌病。为了防止沙门菌污染饲料，影响饲养水产动物和养殖操作人员的健康，饲料企业在购买动物性饲料如肉粉、骨粉和鱼粉时，应先进行常规细菌检测，所有饲料原料和饲料安全卫生标准见表 2 - 12。

表 2 - 12　几种饲料原料中微生物污染的限量标准

卫生项目指标	产品名称	限量指标	依据指标
菌落总数	鱼粉	$<2\times10^6$ 个/克	GB 13078—2001
大肠杆菌	饲料用水解羽毛粉	$<1\times10^4$ 稀释培养计数（以 100 克计）	NY/T 915—2004
沙门菌	饲料用水解羽毛粉	不得检出	NY/T 915—2004
	鱼粉	不得检出	GB/T 19164—2003
	饲料用骨粉及肉骨粉	不得检出	GB/T 20193—2006
霉菌	鱼粉、肉骨粉	$<20\times10^6$ 个/克	GB 13078—2001

（8）有毒金属元素。有些金属元素在常量甚至微量摄入时，即可对人或动物产生明显的毒性作用，称为有毒金属元素或金属毒物。不包括过多摄入会产生毒性的金属元素。危害性较大的金属元素主要有汞、镉、铅以及铬和钼，砷和氟的毒性及一些性质与有毒金属元素相似，故也将其列入金属毒物范围。

（9）化学物质的污染。二噁英是全球性污染物质，来源于有机物的不完全燃烧，其中城市固体废物的焚烧和钢铁冶炼是二噁英的主要来源，也可在生产氟化酚及氧基除草剂的过程中产生。该类物质化学稳定性强，难于代谢降解，不易燃烧，不溶于水，进入机体后几乎不被排泄而沉积于肝脏和脂肪组织中。它对人类和动物有多方面的毒性危害，可改变 DNA 正常结构，致畸、致突变和致癌、致癌毒性比黄曲霉毒素高 10 倍，还可扰乱内分泌功能，损伤免疫组织，降低繁殖力，影响智力发育。二噁英具有亲脂性，因此动物性饲用油脂易受其污染。国外对此极为重视，目前我国正研究并考虑制定食品与饲料中二噁英的限量标准及检测技术。

多环芳烃是由于各种燃料（煤、石油、木柴等）不完全燃烧过程中的产物，已知污染环境的多环芳烃有很多种，其中 3，4 -苯并 [a] 芘的污染最广，致癌性最强。我国《饲料级混合油》（NY/T 913—2004）规定，苯并 [a] 芘限量标准≤10 微克/千克。

多氯联苯（又称多氯联二苯）是一种人工合成的有机化合物，由于良好的绝缘性、抗热性和化学稳定性，工业上被广泛用作蓄电池、变压器、电力电容器的绝缘散热介质，以及绝缘油、油漆、墨水等产品的添加剂。低剂量的多氯联苯能抑制家禽的生长，2～3 天内出现短暂的肠道停滞，继而心包积水、肺水肿，引起气喘、精神萎靡、羽毛耸立、软弱无力。严重中毒的动物，其体重减轻、共济失调、腹泻、进行性脱水、中枢神经系统抑制、全身虚弱，最后死亡。

疯牛病（全称为牛海绵状脑病）是发生在牛的一种中枢神经系统进行性病变，症状与羊瘙痒病类似。目前全世界发生疯牛病的国家有 20 多个，大量可能带有疯牛病因子的饲料及危险性牛制品出口是疯牛病流行的主要原因。来自"病区"的奶粉、化妆品尚不具有传染性。

为控制疯牛病的传播，《饲料用骨粉及肉骨粉》（GB/T 20193—2006）中规定不得使用发生疫病的动物废弃组织及骨加工饲料用骨粉及肉骨粉。农业部《动物源性饲料产品安全卫生管理办法》文件规定：禁止在反刍动物饲料中食用动物源性饲料（乳和奶制品除外）；禁止进口动物疫情流行国家（地区）的动物源性饲料产品。

49. 什么是饲料添加剂？

饲料添加剂是指添加到配合饲料中能保护饲料中的营养物质，促进营养物质消化吸收、调节机体代谢、增进动物健康、提高动物生产水平或改进动物产品品质的物质的总称。饲料添加剂的用量极少，一般按配合饲料的百分之几到百万分之几计算。不管何种饲料添加剂都必须具备以下条件：使用时不影响动物健康及正常生理活动；具有确实的经济效益和生产效果；在饲料和动物体内具有较好的稳定性；不影响饲料的适口性；添加剂及其代谢物不影响动物产品质量和人体健康；添加剂的卫生指标不得超过允许的安全限度；正确使用时动物产品的残留量不超过规定的相关安全标准；添加剂及其代谢产物对内外环境不能产生危害作用。

目前，一般将饲料添加剂分为以下两大类：一类是营养添加剂。用于补充天然饲料中氨基酸、维生素及矿物质等营养成分，平衡和完善畜禽日粮，提高饲料利用率，最终达到充分发挥水产动物生产潜力，提高产品数量和质量，节省饲料和降低成本的目的。是最常用且最重要的一类添加剂，包括氨基酸类、脂肪类、维生素类和矿物质类。另一类是非营养饲料添加剂。是为保证或者改善饲料品质、提高饲料利用率而掺入饲料中的少量或微量物质，或者为预防、治疗动物疾病而掺入载体或稀释剂的兽药的预混物。前者主要是酶制剂类、饲料保存剂、食欲增进剂、着色

剂、黏结剂、乳化剂、稳定剂、防结块剂等；后者主要有抗球虫
药类、驱虫剂类、抑菌促生长类和生菌剂类等。

50. 饲料添加剂的选择与使用原则是什么？

饲料添加剂在饲料中的作用，总结起来就是"补充、平衡、
改善、提高"八个字。饲料添加剂选择与使用的原则是饲料中缺
乏什么营养就补充什么营养物质，缺多少就补充多少；使用饲料
添加剂的作用之一就是调整饲料营养素的平衡，以及鱼体对饲料
中营养素利用的平衡；对于饲料的风味、颜色等需要改善时，也
应该选择相应的饲料添加剂；提高饲料利用效率、生长速度，以
及对养殖动物生长健康、免疫防御能力的提高等。

饲料添加剂使用过程要特别注意以下几点：

（1）重视生物学效价。以微生物为例，在制粒或膨胀过程
中，高温、高压、蒸汽明显影响微生物的活性，制粒过程可使
10%～30%孢子失活，90%的肠杆菌损失，在 60 ℃ 或更高的温
度下，乳酸杆菌几乎全部被杀死；酵母菌在 70 ℃ 的制粒过程中
活细胞损失达 90% 以上。选择添加剂时还应关注其利用性，选
用生物效应好的添加剂。

（2）确定适宜的添加量。饲料添加剂不可滥用，否则会造成
严重后果，尤其是有些物质如超量可导致动物死亡，造成经济损
失。正确选用添加剂、确定合理的添加剂量十分重要。如在不缺
硒地区，就不要选用加硒的添加剂。一般在添加剂生产中，为方
便配方设计，便于产品流通，往往不考虑各种配合饲料各组分中
含有的物质量，而将其作为安全用量，使用时按其标签说明，确
定适宜的添加量，而不可随意变换添加量。

（3）注意理化特性，防止配伍拮抗作用。使用添加剂时，应
注意各种物质的理化特性，防止各种活性物质、化合物、元素之
间相互拮抗作用。对于矿物质要注意常量元素与微量元素之间、

微量元素之间的拮抗作用等。益生素的生物学活化性受 pH、抗生素、磺胺类药物、不饱和脂肪酸、矿物质等因素影响。

51. 什么是添加剂预混料?

饲料添加剂预混合饲料（简称添加剂预混料或预混料），是为了生产实践中使用方便，将一种或多种微量组分（各种维生素、微量矿物元素、合成氨基酸、某些药物等饲料添加剂）与稀释剂或载体按要求配比均匀混合构成的中间型产品。添加剂预混料不能直接用于饲喂动物，只是全价配合饲料的组成部分。饲料添加剂预混合饲料主要包括两大类：

（1）单一型添加剂预混料。包括作为原料用的有效成分含量不同的单品种维生素预混料，如维生素 A 制剂、包膜 C 等；稀释的单品种矿物质微量元素预混料，如 1％硒预混料、1％碘预混料；稀释的单品种药物、酶制剂等功能性添加剂预混料，如 4％黄霉素预混剂、33％山道喹预混剂；还有诸如氯化胆碱等组分不宜与其他成分混合存放（互作影响效价）而制成的单一型添加剂预混料。

（2）复合型添加剂预混料。由多种添加成分与载体或稀释剂构成的预混料。按照添加组分的不同又可分为两种：一种是同一种类多种添加成分构成的，如复合维生素预混料、复合微量元素预混料；另一种是综合型添加剂预混料，将各类添加物质按既定的要求全面补充后混合均匀的综合性产品，如 1％预混合饲料，其中成分包括维生素、矿物质、药物等。

52. 营养性添加剂包括哪些?

营养性添加剂是指添加到配合饲料中平衡饲料养分、提高饲料利用率、直接对动物发挥营养作用的少量或微量物质，主要包括氨基酸、维生素、微量矿物元素及其他营养性添加剂。

（1）氨基酸添加剂。

①L-赖氨酸添加剂。通过发酵法和化工合成法制取的L-赖氨酸添加剂主要有盐酸盐和硫酸盐两种形式。

②蛋氨酸添加剂。动物能利用L-蛋氨酸和D-蛋氨酸，故化工合成法制取的蛋氨酸添加剂主要是DL-型。市场上蛋氨酸添加剂及其类似物品有4种产品：DL-蛋氨酸（又称甲硫氨酸）、蛋氨酸羟基类似物（又称羟基蛋氨酸）、羟基蛋氨酸钙、N-羟甲基蛋氨酸钙。

③苏氨酸添加剂。常用的是L-苏氨酸，主要用于小麦含量高的日粮中。

④色氨酸添加剂。市售色氨酸添加剂有L-型和DL-型两种，其中L-型效价最高。商品含量不低于97%，由于价格昂贵，应用受到限制。

⑤甘氨酸添加剂。甘氨酸为结构最简单的氨基酸，可作为甜味剂及水产动物诱食剂，商品含量在97%以上。

（2）矿物质添加剂。

①铜（Cu）　商品铜添加剂主要有氧化物、无机盐和氨基酸螯合物。市场上有硫酸铜（$CuSO_4 \cdot 5H_2O$）、氧化铜（CuO）、氯化铜（$CuCO_3$）。通常选用硫酸铜，因为硫酸铜的生物学效价和价格比其他化合物较优，但易潮解结块。

②铁（Fe）　常用的铁添加剂有硫酸亚铁（$FeSO_4 \cdot 7H_2O$、$FeSO_4 \cdot 6H_2O$）、碳酸亚铁（$FeCO_3 \cdot H_2O$）、氯化铁（Fe_2O_3）、有机酸铁、葡萄糖酸铁等。由于硫酸亚铁的生物效价较高，故在饲料生产中多选用硫酸亚铁。

③锌（Zn）　配合饲料中常用的锌添加剂有硫酸锌（$ZnCl_2 \cdot H_2O$、$ZnSO_4 \cdot 7H_2O$）、氯化锌（ZnO）、碳酸锌（$ZnCO_3$）和氯化锌（$ZnCl_2$）。生产上常用的是硫酸锌。就生物利用率来讲，硫酸锌与氯化锌、碳酸锌差不多，但硫酸锌含锌量最低，且存在吸

潮问题，这给测定、加工及储存都带来一定麻烦。

④ 锰（Mn）　锰的常用添加剂有碳酸锰（$MnCO_3$）、氯化锰（$MnCl_2 \cdot 4H_2O$）、硫酸锰（$MnSO_4 \cdot 5H_2O$、$MnSO_4 \cdot H_2O$）和氧化锰（MnO）等，目前大多厂家选用饲料级硫酸锰来补充动物对锰的需求。

⑤ 碘（I）　饲料添加剂常用的碘化合物有碘化钾（KIO_3）和碘酸钙〔$Ca(IO_3)_2$〕。碘化钾的生物效价高，可为养殖动物充分利用，但稳定性较差，碘容易挥发析出，而且价格昂贵。碘酸钙在水中的溶解度较低，产品的稳定性很好，生物效价也高。

⑥ 硒（Se）　硒的生物化学功能在于它是谷胱甘肽化合物的一种组分，参与体内抗氧化。硒的生理需要量和中毒量之间的范围较窄（约 50 倍）。硒在饲料中必须以硒预混合料的形式添加，事先制成不高于 1% 的稀释剂，然后加入预混合饲料中，否则易引起中毒。生产上常见的硒盐有亚硝酸钠和硒硝酸钠。

⑦ 钴（Co）　常用作饲料添加剂的含钴化合物有硫酸钴、碳酸钴、氧化钴和氯化钴。由于动物对钴的需要量相对较少，而且维生素 B_{12} 能提供一部分钴，因此常将含钴化合物稀释成含钴 1% 的预混料作为常用产品。

⑧ 铬（Cr）　鱼类具有先天性糖尿病体质，补充铬会有较好的效果。动物对无机铬的吸收很差，最多为 1%，而对有机铬（酵母铬、蛋氨酸铬、羟酸铬和盐酸铬）的吸收可达 15%。生产实践中常采用有机铬的形式来补充铬。

⑨ 有机微量元素　有机微量元素分为有机盐酸和氨基酸螯合物两类，其中氨基酸螯合物具有优势。常见的氨基酸螯合物主要是甘氨酸、蛋氨酸和赖氨酸的螯合物，配位的金属元素多是铁和锌，也有铜等。

（3）维生素添加剂。

① 维生素 A 添加剂　常见的有维生素 A 乙酸酯和维生素 A 棕榈酸酯。维生素 A 乙酸酯呈灰黄色至淡褐色颗粒。

② 维生素 D 添加剂　有两种形式，即维生素 D_2（麦角钙化醇）和维生素 D_3（胆钙化醇）。鱼类维生素 D_3 的活性大于维生素 D_2。

③ 维生素 E 添加剂　维生素 E 的商品形式有 $D-\alpha-$生育酚、$DL-\alpha-$生育酚乙酸和 $DL-\alpha-$生育酚乙酸酯。饲料工业中应用的维生素 E 商品形式有两种：$DL-\alpha-$生育酚乙酸酯和 $D-\alpha-$生育酚乙酸酯。

④ 维生素 K 添加剂　饲料添加剂常用的是专指甲萘醌反应而生成的亚硫酸氢钠甲萘醌（MSB）。它有两种规格：一种含活性成分 94％，稳定性较差；另一种用明胶微囊包被，稳定性好，含活性成分 25％或 50％。

⑤ 维生素 B_1 添加剂　烟酸硫胺和硝酸硫胺是维生素 B_1 添加剂的商业产品，活性成分含量达到 96％以上。

⑥ 维生素 B_2 添加剂　维生素 B_2 的商品形式为用生物发酵法或化学合成法的核黄素及其酯类，有 96％、55％、50％等制剂。

⑦ 泛酸添加剂　游离的泛酸是不稳定的，吸湿性极强，在实际中常用其钙盐。市售有 98％、66％和 55％几种制剂。

⑧ 维生素 B_5 添加剂　维生素 B_5 的商品形式为烟酸和烟酰胺两种。烟酸为常用产品，不能与泛酸直接接触，它们之间很容易发生反应，影响其活性。一般置于阴凉、干燥处保存。市售商品的有效含量为 98％以上。

⑨ 维生素 B_6 添加剂　饲料中一般使用盐酸吡哆醇，市售商品有效含量为 98％以上。

⑩ 叶酸添加剂　叶酸为黄色或橙色结晶性粉末，对空气和温度非常稳定，但对光照尤其是紫外线、酸碱性氧化剂、还原剂等不稳定。

⑪生物素添加剂　生物素的商品形式为 D-生物素，饲料添加剂所用剂型常为淀粉、脱脂米糠等稀释的末状产品，含生物素

一般为 1% 或 2%。

⑫维生素 B_{12} 添加剂　主要商品形式有氯化钴、羟基钴胺等。外观为红褐色细粉，作为饲料添加剂有 1%、2% 和 0.1% 等制剂。

⑬维生素 C 添加剂　其商品形式为抗坏血酸、抗坏血酸钠、抗坏血酸钙以及包被抗坏血酸。

⑭肌醇添加剂　作为饲料添加剂的肌醇通常从米糠中提取或化工合成。商品产品为白色结晶，无臭具甜味，含量 97% 以上，常规条件下稳定。

⑮胆碱添加剂　主要是氯化胆碱，易溶于水和乙醇，不溶于乙醚和苯，有液态和粉料固态两种形式。

（4）其他营养性添加剂。

① 甜菜碱　是一种季铵型生物碱、三甲基甘氨酸等。

② 肉毒碱　是一种类维生素，是动物组织中一种必需的辅酶，与脂肪代谢有关，对提高动物胴体品质有益，主要存在动物性饲料原料中。

③ 牛磺酸　是一种含硫氨基酸，动物体内主要存在于胆汁、肺脏和肌肉中。具有参与胆酸合成、增加机体免疫力、促进饲料中脂肪和脂溶性物质的消化吸收、促进细胞摄取和利用葡萄糖等生物学功能。

④ 肽　近年来从微生物、动植物中分离出多种生物活性肽。活性肽具有抗氧化、激素、抗生素以及调味和改变饲料味觉等功能，在机体内传递神经信息、促进胃肠道消化机能、增强养分消化吸收、调控物质代谢、参与机体的免疫调节等。

三、水产膨化饲料工艺

53. 膨化饲料加工有哪些工艺流程？

　　水产膨化饲料主要通过膨化机加工完成。膨化机主要由动力传动装置、喂料装置、预调质器、挤压部件及切割装置等组成。挤压部件是核心部件，由螺杆、螺套及模头组成。根据螺杆的数量，膨化机可分为单螺杆膨化机和双螺杆膨化机。根据工作原理不同，膨化机又可分为干法膨化机和湿法膨化机。干法膨化机依靠机械摩擦和挤压对物料进行加压加温处理，这种方法适用于含水和油脂较多的原料的加工，如全脂大豆的膨化。对于其他含水和油脂较少的物料，在挤压膨化过程中需加入蒸汽或水，常采用湿法膨化机。

　　膨化加工是将原料经过高温、高压、瞬间熟化的加工工艺，集输送、粉碎、挤压、混合、剪切、高温消毒及成型于一体，且可以加工黏稠、高脂肪、高水分的原料，这是一般硬颗粒生产工艺无法比拟的，因此膨化技术被越来越多的应用于水产饲料的生产中。图 3-1 为时产五吨膨化饲料加工成套设备的工艺流程图，简化后的流程图如 3-2 所示。

54. 单螺杆挤压膨化有什么特点？

　　单螺杆挤压膨化机结构简单，通常采用皮带传动方式，主轴转速恒定不可调，其传动效率低，工艺操控难度大。单螺杆挤压膨化机的螺杆由一根轴把各种结构的螺杆单元连接组成。整个螺杆由三段组成：喂料段、揉合段（熔融段）、成形段。物料从喂

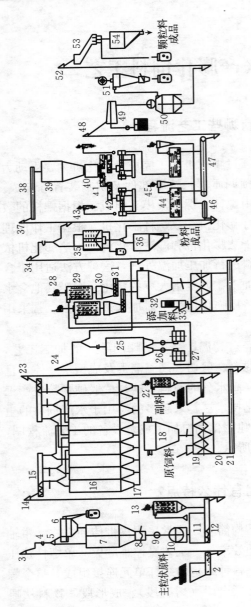

图3-1　时产五吨膨化饲料加工成套设备的工艺流程图

1.投料斗　2.输送螺旋　3.斗提机　4.水磁筒　5.气动三通　6.初清筛　7.原料仓　8.气动平通　9.粉碎喂料螺旋　10.锤片式粉碎机
11.沉降箱　12.粉碎机下螺旋　13.辅助吸风系统　14.粉碎后斗提机　15.仓顶螺旋　16.配料仓组　17.配料螺旋　18.电子配料秤
19.混合机　20.混合机下仓　21.排料螺旋　22.坑除尘装置　23.副料斗提机　24.混合料斗提机　25.微粉碎上仓　26.喂料螺旋
27.微粉碎机　28.高压风机　29.集粉仓　30.脉冲除尘器　31.带闭风螺旋　32.布袋除尘器　33.添加料器　34.平筛前斗提机　35.平筛
36.粉料仓　37.烘干前斗提机　38.膨化上仓螺旋　39.膨化上仓　40.分料筒　41.膨化喂料螺旋　42.膨化机　43.抽湿系统　44.烘干机
45.烘干风网　46.回粉螺旋　47.皮带输送机　48.烘干后斗提机　49.油脂喷涂机　50.逆流冷却塔　51.冷却风网　52.冷却后斗提机
53.振动分级筛　54.粒料成品仓

100

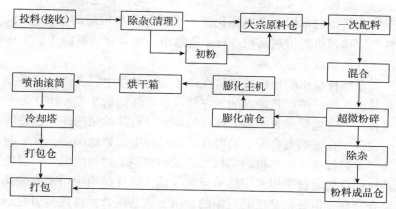

图3-2 水产膨化饲料工艺流程简化图

料口进入机筒后，在螺杆中经历固体输送、熔融过程，使物料从松散状态转变成连续可塑的面团状。

单螺杆挤压膨化机主要是靠拖曳流来完成输送的装置。由于单螺杆的结构特性决定了物料在机筒内向前推进时依靠机筒与物料之间相互摩擦力来完成，摩擦力愈大，则向前推进的效率愈高，但物料与螺杆的摩擦力愈大，则会对上述产生的流动起阻滞作用而造成物料黏在螺杆上，若物料黏附在螺杆上，则不能向前输送而产生堵塞，当物料的水分、油分越高，这种趋势就越明显，这就限制了单螺杆挤压机对低黏性原料尤其是高含油脂原料的加工。

单螺杆挤压膨化机在高压条件下输送能力较差，相对于相同动力的双螺杆挤压膨化机，其加工产量也较低。这主要是因为这种输送方式对于高压很敏感，压力将产生回流，而降低输送效率。由于输送量等于拖曳流减去压力流，所以高压常会引起总产量降低。单螺杆挤压膨化机的大部分能量来自通过机筒传导的外加热和螺杆转动时由剪切力产生的机械能转化热，其中机械能的大小是由螺杆转速和螺杆结构所决定的。对于大型单螺杆挤压膨化机，热交换及其输送产量和压力的增加都将变得更加困难，因为挤压膨化机的尺寸越大，物料的表面积与体积之比就越小。对于较大机型的单螺杆挤压膨化机，由于螺杆和机筒的尺寸愈大，其单位体积机筒传热面积占有率就愈小，则导致物料输送、传热及压强的形成十分困难。

单螺杆挤压膨化机的物料在挤压膨化过程中混合均质效果差是其最大的缺陷，其最难的地方就是混合性能的改善，往往为了改善其混合均质效果必须对螺杆的螺旋及机筒的结构作一些特殊的设计。良好的混合需要物料在挤压过程中频繁地翻动。除了漏流，单螺杆挤压膨化机的结构则极大地限制了物料的混合，有些挤压膨化机通过采用专用的节流元件插入螺杆结构中用来改善其混合特性，但效果是极其有限的。由于这些混合元件也会引起一个较大的压力降，且单螺杆挤压膨化机不良的泵送特性也限制了这些混合元件的长度。

55. 双螺杆挤压膨化有什么特点？

双螺杆挤压膨化机是在单螺杆挤压膨化机的基础上发展起来的。在双螺杆挤压膨化机的机筒中，并排安放两根螺杆，根据螺杆的相对位置和按螺杆转向分为非啮合同向旋转、非啮合相对旋转、啮合同向旋转、啮合相对旋转。完全啮合的同向双螺杆挤压膨化机则大大改善了物料的输送、泵出和混合特性。尽管双螺杆挤压膨化机也是一种拖曳流机，但由于其两根螺杆同向旋转并完全啮合而具有一种正压泵的附加功能。这使得双螺杆挤压膨化机既可以用来输送高黏性的物料，也可以用来输送低黏性的物料，能够适应高黏性物料、低黏性物料或高水分、高油脂配方产品的加工，同时具有自清理功能，因而在饲料加工生产过后，机器就会自动将内部剩余物料挤出机外，无须逐一地卸下来清理，节省了时间。

在同向双螺杆挤压膨化机中，同向旋转式双螺杆压力区性质不同，物料在套筒内腔受螺杆的旋转作用，产生高压区和低压区，显而易见，物料将沿着两个方向由高压区向低压区流动。一是随螺杆旋转方向沿套筒内壁形成左右两个 C 形物料流，这是物料的主流，另一个是通过螺杆啮合部分的间隙形成逆流。产生逆流的原因是左螺杆把物料拉入啮合的间隙，而右螺杆又把物料从间隙中拉出，结果使物料呈∞字形前进，螺棱既产生正向输送，又允许物料改变方向，这不仅有助于物料的混合和均化，提供了更好的混合和热交换，而且还使螺杆的齿槽间产生研磨（即剪切）与滚压作用，出现压延效应，这个效应与反向螺杆压延效应相比要小得多。当然，压延效应小，物料对螺杆的磨损也就减小。物料就是这样经过输送、剪切、混合和机筒外壳的加热，在高温、高压的作用下达到熟化，最后被挤出筒外。

物料所需要的热量来源，除了与单螺杆相同的部分外，大部分来自啮合间隙。受啮合螺纹的剪切、挤压和混合而产生热量并使热量均匀化。间隙的大小对挤压膨化质量影响很大。间隙小、剪切力大，但通过的物料量减少；间隙大，通过的物料量增加了，但剪切力减小。双螺杆强制输送和自洁的特性，使物料在机筒中停留时间短而均匀。双螺杆良好的混合性能使物料得到的热量及时均化，加快了物料的熟化程度，减少了料温的波动，提高了挤压膨化产品的产量和质量。

组合式的螺杆结构与分段式的机筒一起可满足各种特殊的加工要求，组合成各种结构形式的双螺杆挤压膨化机。组成螺杆的每一个元件可设计成具有专门的输送、揉捏、混合、剪切和提高压力的功能。这些元件沿螺杆长度方向的合理组合可对加工条件进行精确控制，为该系统提供各种不同的优势。剪力环（剪力锁片）是组成螺杆构件最重要的混合元件，它用来将所增加的机械能输入到产品中。不同的混合元件将影响物料的扩散和混合分布程度。采用何种形式的剪力环（剪力锁片）将视最终产品的要求而定。窄的剪力环用于使单位长度的流动分隔数最大，而宽的盘式剪力环则用于高剪切和扩散式混合。

双螺杆互相揉捏和摩擦，使能耗比单螺杆低。这样可使物料揉合和熟化更充分，其整体的熟化度能够达到 95％以上，产品在水中的稳定性能保持在 24 小时以上，同时颗粒的表面光洁度和颗粒均匀度也更好。挤压膨化饲料充分熟化了以后，动物吃起来不但口感好，而且消化率高、易于营养吸收。

双螺杆挤压机最大的特点就是它能够对各种原料进行混合而不考虑其构成。因此，像谷物、豆粉、动物粉、鲜肉、脂肪、营养素、蛋白质、维生素、淀粉以及湿鱼渣等如此多样化的组分都能很容易地进行加工。因此，双螺杆挤压膨化机加工饲料的种类多，能够适应高黏性物料、低黏性物料或高水分、高油脂配方产品的加工。在水产饲料方面，像鱼、虾饲料，还有河鳗、高档观赏鱼饲料等均需用双螺杆挤压膨化机，特别是微粒水产饲料（直径为 0.5～1.5 毫米）、高脂肪水产饲料及生产量小但配方常变的饲料更必须采用双螺杆挤压膨化机进行生产。在宠物食品加工中，宠物食品的主要成分一般都是由谷物粉（如小麦粉）和较高蛋白含量的动物粉、鲜肉和脂肪等组成。在干宠物食品加工过程中，当鲜肉含量高达 20％～30％时，挤压时就需要强烈地混合和揉捏，这只有双螺杆挤压膨化机才能完成。因为双螺杆的相互揉搓、挤压，即使在原料高油脂的情况下也不会黏在一起而影响机器的运转，与单螺杆挤压膨化机相比，在双螺杆挤压膨化机中可以添加几乎两倍含量的脂肪到宠物食品配方中，所以配方含油脂可达到 20％以上。这样不仅提高了配方的质量，也减缓了零件的磨损和阻力，降低了生产成本。而单螺杆挤压膨化机就做不到这一点，在单螺杆挤压膨化机中，脂肪含量受到限制，因为如果脂肪含量太高，导致挤压膨化机剧烈地波动，并因此导致产品质量的不稳定。一旦物料中油脂含量过高，就会造成物料黏着，机器无法运行。此外，双螺杆挤压膨化机在 30 秒的时间内即可完成原料的改变，这就可用于色彩的识别和允许多色混合物的产品直接在挤压膨化机中加工。

双螺杆挤压膨化机采用直联变频电机传动方式，主轴转速可根据加工产品需求进行调节，可以在不停机状态下不改变螺杆参数设置即可更换产品品种或生产浮水、沉水饲料，其操作特别方便并得到完全令人满意的效果。

56. 双螺杆挤压膨化有什么优势？

（1）原料适应性更广。可以适应高黏性、低黏性、高油脂含量、高水分或黏稠、多油的、非常湿的和其他一些在单螺杆（SSE）中会打滑的原料加工。

（2）对原料的粒度限制更少。可以适应粒度很宽或从微粉料到粗粉料颗粒的原料和单螺杆加工特定范围以外粒度的原料加工。

（3）物料流在机筒内更均匀。无论添加蒸汽、水和其他辅料，加工过程中可以得到更精确的比例，并达到实际需要的效果。

（4）产品内在和外观质量更好。可以达到非常好的均质状态并使得物料分子结构排布均匀，在挤压出模过程中表面光滑、产品颗粒整齐度高、均匀性好。

（5）熟化均质效果更好。通常淀粉熟化度可达95％以上，使得所加工的水产饲料能够在水中保持稳定和产品营养成分不流失，并易于消化吸收。

（6）同等动力下产量更高。良好的混合性能使物料得到的热量及时均化，加快了物料的熟化程度，减少了料温的波动，提高了挤压膨化产品的产量。

（7）产品多样性和适应性更宽。可以加工微粒水产饲料、高脂肪配方、高水分、高黏结性产品和多色彩、夹心类、特殊形状的产品。

（8）工艺操作更简便。可以根据加工产品需求调节主轴转速，由于自清特点，清理很方便，每次加工后无需复杂、耗时的洗机、清污工序。

（9）易损件磨损更轻。通常一种错误观念认为单螺杆的磨损少，实际上在双螺杆挤压过程中由于稳定的物料输送和物料流的特性，决定了物料对螺杆和机筒内套的磨损要比单螺杆要小，尽管比螺杆数量多出一套，但其配件成本仍比单螺杆低。

（10）生产成本更低。由于双螺杆机型具有良好的操作稳定性，在饲料加工过程中开机废料少、水气浪费少、传热效率高、成品率高、度电产量指标高，加上配件成本也低，其最终生产成本相对于单螺杆仍要低得多。

57. 膨化料加工工艺流程包括哪些环节?

（1）原料的接收和清理。原料接收阶段，粒状和粉状原料经过初清筛除去大杂质，用永磁筒除去含铁杂质后，分别由刮板机、提升机、输送机、分配器至原料仓或配料仓。应设有一个粒料和一个粉状投料口，谷物类、粕类原料首先进入粗粉前仓，之后由输送设备进入一配前仓，而粉状料则直接进入投料口进入车间。

原料的接收和清理阶段时常见的故障见表 3-1。

表 3-1　原料接收和清理阶段常见故障

故障现象	故障原因	排除方法
提升机堵塞	在提升机启动前进料	严格按规程操作
	后续设备故障，排料不畅	停止进料，排除后续设备故障
	进料流量过大	在进料口增加手动闸门，控制进料流量
	畚斗带过松造成打滑	调节张紧螺杆或调整畚斗带长度
	出口被大块物料堵塞	清除大块物料
刮板堵塞	进料流量过大	降低进料流量
	后续设备故障	排除后续设备故障
	刮板变形、磨损或缺损严重	校正、更换、补充刮板

（续）

故障现象	故障原因	排除方法
螺旋输送绞龙堵塞	螺旋转向不正确	改变电机接线，改变转向
	后续设备故障，排料不畅	停止进料，排除后续设备故障
	螺旋叶片磨损严重，叶片与壳体间隙过大	调整间隙，如不能继续调整，则修补或更换螺旋叶片
	进料流量过大	降低进料流量

（2）粗粉碎阶段。根据膨化饲料的配方原料组成，可以分为粗粉碎和超微粉碎两道工序。一般超过 1.0 毫米孔径筛网的原料都要经过粗粉碎，其他原料直接进入料仓。准备进入下一个工序。常见故障和排除方法见表 3-2。

表 3-2 粗粉碎阶段常见故障和排除方法

故障现象	故障原因	排除方法
清理筛清理效果差	筛筒破损	更换筛筒或对其进行修补
	供料量过大	控制喂料量
	筛孔选择不当（18~24 毫米）	更换筛孔适当的筛筒
物料串仓	行程开关损坏	更换行程开关
	行程开关调节不当	重新调整行程位置
	输入仓位号错误	加强中控员责任心的引导
永磁桶除铁效果差	料流跑偏	校正进料管
	料流过快	控制物料流速
	磁性下降	充磁或更换磁体
成品粒度不均匀	筛片有孔洞而漏料	补筛或换筛
	筛片与筛架贴合不严或筛宽过小	更换筛片或重新安装筛片
	锤片角磨损严重，打击力减弱	更换锤片或锤片掉头

（续）

故障现象	故障原因	排除方法
产量严重降低	负压系统有问题	修理负压吸风系统
	无进风口或进风口太小	在喂料器上增加或加大吸风口
	锤片磨损严重，导致锤筛间隙过大	更换锤片并按规定使用
	原料水分过高而筛孔太小	控制原料水分，换大孔筛板
	喂料量不均匀	解决喂料不均匀问题

（3）配料混合阶段。卧式双轴桨叶混合机具有混合速度快、混合质量好、适用范围广等特点，在大型饲料厂、预混合饲料厂迅速获得广泛应用。其具体特点如下：混合速度快，每批混合时间为 0.5～2.5 分钟；混合均匀度高，其变异系数 CV≤5％；液体添加量范围大，最大可达到 20％；充满系数可在 0.4～0.8 范围内调节。且卧式双轴桨叶混合机的混合过程中同时具有强烈的对流、剪切和扩散三种混合作用，混合工序的要求是混合周期短、混合质量高、出料快、残留率低以及密封性好，无外溢粉尘。

（4）超微粉碎。超微粉碎耗电量大。其主要设备包括：超微主机、脉冲、刹克龙、高方筛、高压风机、吸料风管、关风器、刮板机或绞龙输送机等。其工作原理是需粉碎的物料通过气力输送或喂料螺旋机送入粉碎室被不断撞击，空气从转盘底部进入，将物料扬起进入分级室，粒度达到要求的会通过分级轮被抽出，粒度大的再回到粉碎室继续粉碎。因此，超微粉碎机工作时必须有空气通过，气流由安装在收集器出口处的风机提供；其粉碎细度由分级轮的转速快慢决定，转速越快细度越细，反之越粗。超微系统常见故障和解决方法如表 3 - 3。

表 3 - 3　超微系统常见故障和解决方法

故障现象	故障原因	排除方法
排尘浓度过高	布袋破损	修补或更换布袋
	布袋挂接处连接不紧密、泄漏、脱落	上紧布袋
风量降低	布袋积灰过多	清理布袋
	水被吹入布袋，布袋表面结垢	清理布袋，排放油水分离器积水
	空气压缩机故障	检修空气压缩机
	压缩空气管道或元件漏气，导致压缩空气压力过低	检修压缩空气管道与元件，维持压缩空气正常压力
	电磁阀故障，电磁阀膜片磨损，不能正常喷吹	维修或更换电磁阀，更换电磁阀膜片
	脉冲间隔过短，导致压缩空气压力过低或脉冲间隔过长，布袋清理不干净	调整脉冲间隔
	漏风	检查各风管连接处，确保密封
	风管堵塞，阻力过大	清理各段风管尤其是水平风管，采取措施减少吸风口的粉尘吸入量
	关风器或卸料螺旋堵塞	清理关风器或卸料螺旋
	布袋下挂钩脱落，过滤面积减小	挂好下挂钩
产能下降	易损件磨损	更换易损件
	风路系统不正常	检查维修风路

（5）膨化机。物料经过调质器后，含有一定温度和水分的物质，在挤压膨化机的螺套内受到螺杆的挤压推动作用和卸料模具或螺套内节流装置的反向阻滞作用。另外，还受到了来自于外部

的加热或物料与螺杆和螺套的内部摩擦热的热作用，此综合作用的结果是使物料处于高达 3～8 兆帕的高压和 200 ℃左右的高温状态之下。如此高的压力超过了挤压温度下的饱和蒸气压，所以在挤压机螺套内水分不会沸腾蒸发（过热水），在如此的高温下物料呈现熔融的状态。一旦物料由模具口挤出，压力骤然降为常压。水分便发生急骤的蒸发，产生了类似于"爆炸"的情况。产品随之膨胀，水分从物料中的散失，带走了大量热量。使物料在瞬间从挤压时的高温迅速降至 80 ℃左右，从而使物料固化定型，并保持膨化后的形状。

（6）烘干、喷涂、冷却。经过烘干、喷涂后，膨化料的温度在 75～90 ℃，水分 7%～11%，物料高温后不便储存和运输，因此应及时进行冷却，降低物料的温度。一般饲料企业使用的冷却器有三种，即立式、卧式和逆流式。逆流式冷却器结构主要是由旋转闭风喂料器、菱锥形散料器、冷却箱体、上下料位器、机架、集料斗滑阀式排料机构，影响冷却器性能的主要因素有产量、冷却时间、颗粒直径、吸风量、风压等。

（7）成品分级。分级筛上根据物料粒度大小进行筛选，必须选择适当的筛孔和相对运动速度，使物料能与筛面充分接触。在筛选过程中，凡大于筛孔尺寸，不能通过筛孔的物料称为筛上物；小于筛孔尺寸，穿过筛孔的物料称为筛下物。颗粒分级筛与一般分级筛的结构基本相同，常用的分级筛有振动筛和平面回转筛两种。振动筛产量小，一般用于小型饲料厂；回转筛产量大，一般用于大型饲料厂。

（8）成品打包。成品包装工段是成品仓内的饲料通过打包机按一定规格称重、计量、灌包、封装，再转运至成品库。包装分为手动和自动两种，大部分中小型饲料厂采用手动包装。若选择自动包装需注意打包秤的精度、稳定性以及自动缝包机的工作可靠性。打包秤主要有皮带包装秤、重力包装秤、绞龙包装秤、振动包装秤、散料秤。

58. 膨化颗粒饲料和硬颗粒饲料有什么区别？

根据鱼虾在水中的采食状况，水产饲料要求分别为浮性饲料、慢沉性饲料和沉性饲料，并且要求这些饲料要有较高的水中稳定性和消化吸收率。传统的制粒工艺很难满足上述要求，而膨化技术的发展，为浮性饲料、慢沉性饲料和沉性饲料的生产提供了广阔的天地。根据加工工艺的不同，鱼虾类的颗粒饲料分为制粒而成的硬颗粒饲料和膨化颗粒饲料，尽管这两种颗粒饲料的配料相同，膨化颗粒饲料比硬颗粒饲料的造价高，但膨化颗粒饲料仍然可以因为诸多的优点而产生更好的经济效益（表3-4）。

表3-4　膨化颗粒饲料与硬颗粒饲料的比较

项目	比较项目	膨化颗粒饲料	硬颗粒（环模制粒生产）
养殖	浮性	好	不能
	水中的稳定性	好	差
	颗粒的黏结度	强	弱
	因掉入池底而造成的损失	少	多
	粉化率	低	很高
	饲料的转化率	高（熟化度96%）	低（熟化度50%）
	饲料中的细菌与毒物含量	少	多
	对水质的影响	小	很大
	致病的可能性	小	大
	加工温度对营养成分的影响	利：提高消化率 弊：维生素损失多	弊：消化率较低 利：维生素损失少
	价格	高	低
	经济	好	差
饲料加工	资金投入	多	少
	加工成本	高	一般
	设备损耗	慢	快
	性价比	高	低

59. 挤压膨化和环模制粒机各有什么特点？

由表 3-5 可知，挤压膨化可生产浮性、慢沉性和沉性饲料，而环模制粒只能生产沉性饲料；挤压膨化可生产水分含量高达 55％的原料或者可生产高水分的饲料，而环模制粒只能使用水产含量最高为 17％的原料；挤压膨化过程中的高温可杀死原料中的有害微生物，而环模制粒的温度不足以杀死所有的微生物，成品中仍然会含有微生物；高温高压的挤压膨化技术可提高饲料颗粒状水中的稳定性；环模制粒中不能使用脂肪含量过高的饲料，否则饲料水中的稳定极差，溶失率很高，与环模相比，挤压膨化能生产冷水性鱼所需要的高脂肪饲料，产品强度大。

表 3-5　挤压膨化与环模制粒在水产饲料生产中的比较

项目	挤压膨化	环模制粒
产品多样性	浮性、慢沉性、沉性	不能生产浮性与慢沉性
利用湿性原料	可生产含水量达 55％的饲料	生产含水量 17％以内的饲料
微生物	生产过程中可杀死微生物	在最终饲料中仍存在微生物
水中稳定性	有较高的水中稳定性	水中稳定性差
强度	产品强度大	产品强度相对低
脂肪含量	配方中脂肪含量可达 22％	配方中脂肪含量一般不超过 6％

60. 市场上主要单螺杆和双螺杆膨化机有什么区别？

（1）TXL 系列双螺杆挤压膨化机。TXL 系列双螺杆挤压膨化机皆由不锈钢平底仓、不锈钢喂料绞龙、不锈钢差速调质器、膨化机主机、切粒系统（不锈钢切粒罩）、电气操作系统组成。

型号	主机功率（千瓦）	螺旋直径（毫米）	两轴中心距（毫米）	生产能力	
				浮性饲料（吨/小时）	沉性饲料（吨/小时）
TXL85×2/C70	90	Φ85	70	2.0～3.0	1.5～2.5
TXL96×2/C76	110	Φ96	76	3.0～5.0	2.4～3.5
TXL128×2/C104	160	Φ128	104	5.0～7.0	4.0～6.0
	200	Φ128	104	6.0～8.0	4.5～6.5
	250	Φ128	104	8.0～10.0	6.0～8.0
	315	Φ128	104	10.0～12.0	7.0～9.0
TXL160×2/C130	355	Φ160	130	11.5～13.5	9.0～11.0
	400	Φ160	130	13.0～15.0	10.0～12.0
	500	Φ160	130	16.5～18.5	13.0～15.0
	800	Φ160	130	28.0～30.0	21.0～23.0

① 主电机、联轴器和齿轮箱构成传动系统。主电机通常为变频电机，电机和主机之间通过联轴器直连传动。齿轮箱是双螺杆膨化机的核心部件，目前世界上有两种类型通用齿轮箱：平双结构齿轮箱和对称结构齿轮箱。对称结构齿轮箱传输效率高、传递扭矩大、运行平稳，运行寿命是平双结构的 3 倍以上。

② 机筒、螺杆元件和模具构成挤压系统。机筒为合金钢锻件加工，机筒内部设有加热或冷却载体的循环通道，可依照物料的不同，调节膨化腔体内部的温度。通过机筒上的阀门可向其内添加蒸汽、水分、油脂等汽液物质，减轻螺旋与衬套的磨损，并满足生产的要求。螺旋、啮合片等螺杆元件、各类模具及机筒衬套等皆由高耐磨合金钢经热处理、精密加工而成，具有利于出料、耐磨、抗腐蚀、使用寿命长等优点。

③ 手动三通配合调质器和挤压机的正常工作，当 DDC 调质器中物料还没有完全调质合格时，可以通过手动三通将物料先排出机外，当调质参数调整完毕后，拨动手动三通则可以将物料送

入膨化机挤压腔体内。操作简便,减少废料。

④ 由于主轴直径小,通常为花键主轴,特点配合紧密传递扭矩大,制作难度大、费用高。

⑤ 原料适用性广。这是双螺杆挤压膨化机的显著特点。

⑥ 产品类型多。同一种原料通过调整水分、温度、转速等工艺参数及更换模具和刀具可得到不同的产品。可生产浮性饲料、沉性饲料、缓沉性饲料以及含油量 22% 以下的高油脂饲料。

动力配置情况:

型号	主电机(千瓦)	平底仓电机(千瓦)	喂料器电机(千瓦)	调质器电机(千瓦)	油泵电机(千瓦)	切粒电机(千瓦)
TXL	90～110	3	1.5	11	1.1	3
TXL	132～200	4	2.2	18.5	1.5	4
TXL	250～315	4	3	18.5+7.5	1.5	4
TXL	355～400	4	3	18.5×2	1.5	5.5
TXL	500～800	4.5	4～5.5	45	1.5	5.5～7.5

(2) SX 系列单螺杆水产挤压膨化机。SX175/160 型单螺杆湿法水产膨化机由不锈钢平底仓、不锈钢喂料绞龙、不锈钢调质器、膨化机主机、切粒系统、电气系统及水汽添加系统组成。

设备型号	主机功率(千瓦)	螺旋直径(毫米)	生产能力(吨/小时)	
			水产饲料(浮性)	宠物食品
SX165	90	Φ165	1.5～2.5	1.5～2.5
	110	Φ165	2.0～3.0	2.0～3.0
SX175	160	Φ190	4.0～6.0	4.0～5.0
	200	Φ190	6.0～8.0	5.0～6.0
SX185	250	Φ216	8.0～10.0	7.0～9.0
	315	Φ216	10.0～12.0	9.0～11.0

① 主电机、皮带轮和轴承箱箱构成传动系统。主电机通常为普通电机电机。由于采用皮带传动,同等主机功率状态下单螺杆膨化机产能比双螺杆膨化机产能低 10% 左右。

② 机筒、螺旋、轴和模具构成挤压系统。

（3）膨化机附属系统功能介绍。

① 平底仓的主要作用是防止物料结拱，稳定料压，保证供料的均匀连续。工作时依靠减速电机带动旋转机构连续转动，破坏物料结拱条件，从而达到稳定连续供料的目的。

② 螺旋喂料器是一个定量加料机构，传动减速机配有变频电机，通过变频器调节螺旋轴的转速达到控制喂料量的目的。

③ 双轴差速调质器是一种固、液、汽三相物质相混合的特殊容器，主要是添加适量的蒸汽和水与粉状原料进行充分的混合，将原料中的淀粉熟化并为双螺杆膨化机的挤压提供润滑作用，减少挤压部件的磨损。

④ 切粒系统主要由切刀、刀架、刀座、罩壳、电机、调整机构等组成，通过调节电机的工作频率来调整切刀的转速，从而控制成品的厚度。

⑤ 管路系统分为调质器的水、汽管路系统和膨化主机的水、汽管路系统，不包括挤压膨化系统的辅助减压、蒸汽计量部分。

61. 同向双螺杆与异向双螺杆膨化机的区别是什么？

双螺杆膨化机按两根螺杆的相对位置可分为啮合型与非啮合型（图3-3）。啮合型又可按其啮合程度分为部分啮合与全啮合型（又称紧密啮合型）。非啮合型的双螺杆膨化机工作原理基本与单螺杆膨化机相似，实际使用少。

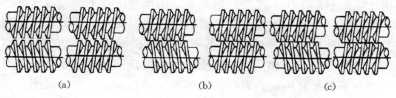

(a)　　　　　　　(b)　　　　　　(c)

图3-3　双螺杆啮合类型

(a) 非啮合型　(b) 部分啮合型　(c) 全啮合型

双螺杆膨化机按螺杆旋转方向不同，可分为同向旋转与异向旋转两种。异向旋转的双螺杆膨化机又可分为向内和向外两种（图 3-4）。

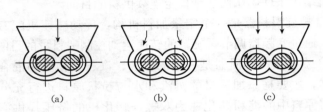

图 3-4　双螺杆的旋转方式

(a) 向内异向旋转　(b) 向外异向旋转　(c) 同向旋转

（1）同向旋转。同向旋转双螺杆啮合部的压力区性质不同，各螺杆进入啮合区为加压，脱离啮合区为减压。当二螺杆均以顺时针方向旋转时。

（2）异向旋转。异向旋转式双螺杆膨化机一般采用两根尺寸完全相同、但螺纹方向相反的螺杆。向内异向旋转和向外异向旋转两种形式的主要区别在于压力区位置的不同。向内异向旋转式双螺杆在上部进入啮合，建立高压区，在下部双螺杆脱离啮合，产生低压区。物料在通过双螺杆时，受到类似碾轮产生的挤压作用，但螺杆啮合紧密，势必形成极高的入口压力，造成进料困难，因此目前这种向内异向旋转式很少采用，仅用于非啮合双螺杆膨化机上。向外异向旋转式曾是一种广为采用的形式，特别适用于干粉料的加工。这种旋转式建立的高压区在下部，低压区在上部，有利于喂入物料。生产过程中，物料受到类似碾轮产生的挤压捏合作用。与同向旋转不同，物料在螺杆内形成 C 型段，由于两根螺杆旋向相反，不可能从一根螺杆移向另一根螺杆，而只能在一根螺杆内向排料口作轴向平移，直至从排料口挤出。牵引产生的正流和反压产生的逆流只能在 C 型腔室内进行，被阻挡在啮合区的物料经受一根螺杆螺纹顶面和另一根螺杆螺纹根部及啮合螺纹侧面的碾压和捏合。显而易见，异向旋转式双螺杆膨化机其物料产生的混合程度比同向旋转所产生的混合程度要小。

（3）同向旋转与异向旋转比较。异向旋转式双螺杆上下部产生的压力差，造成螺杆向两侧偏移的分离力 F，螺杆在 F 力作用下压向筒体，增加了筒体和螺杆的磨损。螺杆转速越高，分离力越大，磨损则越大。因而异向旋转式双螺杆的转速受到限制，一般设计在较低转速范围工作，如最高转速为 350～450 转/分钟。而同向旋转的双螺杆膨化机在两螺杆之间没有碾压作用，不存在分离两螺杆的压力，故磨损较小，所以同向旋转式双螺杆膨化机可以很高速度旋转，并能得到很高的产量。

为了避免物料黏附在螺杆的底圆上，螺杆应有自清能力，因为随着滞留时间的延长，黏附在螺杆底圆上的食品物料会变质。单螺杆膨化机不能进行自清，而异向和同向旋转的双螺杆膨化机均可实现自清。在异向旋转的双螺杆膨化机中，螺纹顶面的螺纹根部之间产生的一种碾压作用，由于相对速度低，擦断界面物料层所需要的剪切速度也相应较低。另外，无聊被拽入螺杆间隙，并受挤压而黏附在螺杆表面，因此自清能力并不太理想。在同向旋转的双螺杆膨化机中，一根螺杆的螺顶口以稳定的切向相对滑动速度刮擦另一螺旋的侧面，由于具有较高的相对速度，有足够高的剪切速度去刮掉界面的物料层。此外，这一系统中由于没有碾压作用和由此而引起的将物料碾压在螺杆表面的现象，所以同向旋转比异向旋转的双螺杆膨化机的自清能力更有效和稳定。

四、水产膨化饲料配方及配制技术

62. 水产动物营养需要与饲养标准的依据有哪些？

　　饲料是人给予养殖鱼类的食物，在自然环境条件下，鱼类是自己寻找适合自己的食物，例如肉食性鱼类捕食其他鱼类或动物、杂食性鱼类摄食植物性或动物性的食物、草食性鱼类摄食植物性食物等。在人工养殖条件下，鱼类主要摄食配合饲料作为自己的食物，以满足生长、发育、繁殖、维持生命活动等所需要的物质和能量。因此，对于养殖动物而言，需要什么样的物质（包括能量）、需要多少，这就是鱼类营养需要标准。对于配合饲料而言，应该供给什么样的物质、供给多少，这就是饲料标准。理论上人工供给的配合饲料中物质种类、每种物质的数量、不同物质之间的比例，以及能量值的多少，应该完全满足养殖鱼类所需要的物质种类、数量、比例以及能量值。因此，养殖鱼类的营养需要就是饲料配制的基础；依据养殖鱼类营养需要和饲料原料营养价值所确定的饲料物质种类、数量、比例和能量值就成为养殖鱼类的饲料标准。

63. 如何确定水产动物的营养需要量？

　　鱼类与其他动物一样，为了维持其生命的存在和新陈代谢，为了满足其发育、生长、繁殖后代，抵抗自然环境条件的变化、抗御疾病等，都需要消耗物质和能量。所需要的物质种类、数量（以及内在的不同物质的比例），就是其营养需要量。在自然环境条件下，一方面鱼类在水域环境中可以主动地、选择性地捕获食物；另一方面，食物进入消化道后也一定程度地选择吸收食物成分，以获得所需要的营养物质种类和数量。

鱼类需要什么种类的营养物质，需要多少量，这就是鱼类营养需要的主要内容。宏观上讲，鱼类需要的营养物质的种类包括蛋白质与氨基酸、脂肪与脂肪酸、碳水化合物、矿物质、维生素，以及能量。如何才能知道鱼类所需要的营养物质种类及其数量？基本的方法有三类：一是分析自然水域鱼类消化道中食物的种类和数量等，即利用生态学方法了解鱼类的食性和食物组成；二是分析鱼体的物质组成和生长速度，以鱼体的组成判别鱼类所需要的营养物质种类，再结合生长速度计算出鱼体每天所需要的、已经转化成鱼体组成的营养物质的数量；三是通过养殖试验的方法分别设计某种营养物质不同浓度梯度的饲料，养殖一段时间之后测定鱼体的组成与生长速度，计算出鱼体所需要的营养物质的种类和数量。

64. 如何确定水产动物的摄食量？

摄食量是指动物在一定时间内摄食的食物量，可以用单位体重动物、每天摄食的食物量表示，即：克/（千克·日）；也可依据动物体重，用动物体重的百分比表示，即体重的百分数，也称为摄食率。

鱼类营养需要量转化为鱼类的饲料标准，摄食量是一个关键性指标。鱼类的饲料标准是指配合饲料中营养物质的含量，如含蛋白质32％、含脂肪6％等，而营养需要量是单位体重、每天需要的营养物质的量，两者之间的联系就是摄食量。例如草鱼每天每千克体重鱼体需要9克蛋白质，即9克蛋白质/（千克体重·天），饲料中的蛋白质浓度应该设定为多少？假如摄食量为30克饲料/（千克体重·天），即摄食率为3％，则饲料中蛋白质浓度为$9/30×100％＝30％$，这就是该条件下草鱼饲料中蛋白质需要量。当草鱼的摄食量增加到 50 克饲料/（千克体重·天），即摄食率为 5％时，如果草鱼对蛋白质的需要量仍然是 9 克蛋白质/（千克体重·天），则饲料中蛋白质浓度为 $9/50 \times 100\% = 18\%$。反之，依据饲料中蛋白质浓度和摄食量也可计算出鱼体实际摄入的饲料蛋白质量。

要注意的是鱼类的摄食量或摄食率与饲料的投饲量或投饲率之间的关系。在养殖条件下，饲料的投饲量是否等于养殖鱼类的摄食量？只有在投喂的饲料完全被鱼体摄食时，饲料投喂量等于鱼体摄食的饲料量。正常情况下，由于饲料在水体中的溶失、在饲料投喂过程中饲料的散失（如粉末状饲料随风被吹走）、投喂的饲料没有被鱼体摄食时，则饲料的投喂量大于鱼体实际的摄食量。然而，要保障投喂的饲料完全被养殖鱼体摄食基本上是做不到的，在实际生产中也是做不到的。一般情况下是将饲料的投喂量简单地等同于养殖鱼类的摄食量。这也是水产养殖中难以实现饲料投喂科学化的主要原因之一。

在实际养殖生产中，在同一时期、同一条件下，如果投喂不同蛋白质浓度的饲料，如果鱼体蛋白质需要量相同，则应该实时调整饲料的投饲量（或投饲率）。例如，在同一个养殖池塘里，如果有 30％和 26％两个蛋白质浓度的饲料，如果草鱼的蛋白质需要量为 9 克蛋白质/（千克体重·天），摄食率为 3％；饲喂时，饲料投饲量应该为 $9/30\% = 30$ 克饲料/（千克体重·天），摄食率为 3％；而投喂 26％蛋白质浓度的饲料时，饲料投喂量应该为 $9/26\% = 34.6$ 克饲料/（千克体重·天），摄食率为 3.46％。当然，由于水质变化、鱼体生理状态变化、鱼体疾病条件的变化，其摄食量也是在变化的；即使摄食同一种饲料，由于摄食量的变化，其实际摄食到的营养物质的量也是变化的。因此，在实际养殖生产活动中，要根据饲料营养物质浓度的变化、养殖环境条件的变化、养殖鱼类条件的变化，实时地调整饲料的投饲量或投饲率，这是精细化养殖的需要。

65. 如何确定水产动物的饲料标准？

饲料标准是指配合饲料中不同营养物质的浓度值，设定饲料标准的依据是养殖动物的营养需要量。如前所述，饲料标准与营养标准之间的换算需要一个饲料摄食率或投饲率。饲料标准是饲料配方编制的基本依据。

饲料标准的基本内容与营养标准的内容完全一致，只是通过摄食量的换算而已。饲料标准的表示方法一般以百分比表示，如蛋白质30％、脂肪6％等。例如，《GB/T22919.3—2008 鲈鱼配合饲料》中设定的营养指标如表4-1。

表4-1   《GB/T22919.3—2008 鲈鱼配合饲料》中饲料营养指标

产品名称	营养指标						
	粗蛋白	粗脂肪	粗纤维	粗灰分	赖氨酸	钙	磷
鱼苗饲料	≥40.0	≥5.0	≤3.0	≤15.0	≥2.20	≤4.00	≥1.00
幼鱼饲料	≥38.0	≥5.0	≤3.0	≤15.0	≥2.20	≤4.00	≥1.00
小鱼饲料	≥38.0	≥5.0	≤4.0	≤15.0	≥2.20	≤4.00	≥1.00
成鱼饲料	≥36.0	≥5.0	≤5.0	≤15.0	≥2.20	≤4.00	≥1.00

表4-1中"产品名称"，规定的是适应不同生长阶段的饲料名称；"营养指标"规定了饲料中粗蛋白质、粗脂肪、总磷、赖氨酸含量的下限，而粗纤维、粗灰分、钙则规定了其含量的上限。

需要理解的事项主要如下：①鱼类需要的营养物质种类很多，而在饲料标准、营养标准中不可能将每种营养物质的种类都制定出相应的标准，而只是设定了主要营养素如蛋白质、脂肪等种类，基本为一个较为宏观的营养种类。②饲料中营养物质浓度有些指标设置的是下限，即最低不能低于这个指标值，一般是将浓度增加后对养殖动物有利的营养素浓度设定下限；而有的设定的是上限指标值，即最大值不能超过这个值，主要是因为这些营养素浓度过高对养殖动物会产生不利的影响。③任何一个饲料标准的编制都有其时效性，是在当时的科学技术水平下编制的，依据科学技术发展的进程是可以修改、完善的；同时，设定的营养素种类和浓度值一定是可操作的。④目前水产动物饲料标准的内容较以前和较陆生养殖动物如猪、禽等有了一些变化，例如关于食盐在目前阶段的水产动物饲料标准中就不再作为一项强制要求内容。主要原因是水产动物可以从水域环境中获得足够的氯化钠满足其营养需要。

66. 从哪里获得饲料原料营养价值表？

配合饲料是一个典型的配方产品，配合饲料的组成需要将不同种类的饲料原料按照一定的比例（配方）配制为一个饲料产品。在编制饲料配方之前，还需要有不同种类的饲料原料，以及每种饲料原料中营养物质的种类、含量，这就是饲料原料营养价值表。中国饲料数据库情报网中心每两年就要发布一次中国饲料原料营养价值表，可以在网上下载。

饲料配方编制的实质就是将不同的饲料原料按照一定的比例进行组合。我国对可以使用的饲料原料种类和质量做了规定，详细的资料见"饲料原料目录"。所有的饲料原料种类必须是"饲料原料目录"中允许使用的原料种类。

67. 水产膨化饲料配方编制的基本条件是什么？

饲料产品是配方产品，是针对具体的养殖对象、特定的养殖生长阶段、特定的养殖环境条件和特定的饲料配方成本所生产的饲料配方产品，配方的编制需要由不同的饲料原料、饲料添加剂组成。一个饲料配方的编制需要一定的条件，并适用于特定的养殖对象和养殖条件。

首先，需要养殖对象的营养标准。中国养殖水产动物的种类非常多，不同水产动物的营养标准有一定的差异。然而，中国水产动物营养研究与水产饲料工业的发展也仅仅只有 40 年左右的历史，多数水产动物还没有明确的国家层面的营养标准。但可以参考相近种类的营养标准设定饲料企业的企业标准。

其次，需要将营养标准按照一定的摄食率转化为相应的饲料标准。饲料标准是从事饲料配方编制的直接的参照标准。

饲料产品的定位是确认饲料配方编制的主要限制条件。直接的限制条件是饲料产品的配方成本，配方成本的确定需要依据饲料的使用对象的营养阶段、饲料产品使用的养殖地理区域、使用该饲料产品经过一定养殖周期后养殖动物需要达到的上市规格和生长速度（群体或个体增重倍数）。

企业所具备的饲料原料和选定的饲料添加剂是饲料配方编制的物质基础条件。饲料原料营养价值表除了可以参照通用的营养价值表外，主要还是要依据企业自己所选定、采购的饲料原料营养成分分析结果，因为不同产地、不同加工生产方式所生产的饲料原料质量是有差异的。饲料添加剂的选择，主要是依据饲料基本配方和饲料产品的基本定位来进行的。例如，对于营养性的饲料添加剂如维生素、氨基酸、矿物质等，在拟定饲料配方之后依据配方中营养成分的不足进行适当的补充；对于适用于饲料加工的饲料添加剂，如磷脂、黏接剂等，则是依据饲料企业自身的生成设备条件进行选择；对于功能性的饲料添加剂，如保护肝胰脏、肠道健康的饲料添加剂，主要是依据饲料企业对饲料产品的基本定位进行选择。

无论采用什么计算方法编制饲料配方，初步拟定出来的饲料配方都要经过一系列的修订后才能作为最后的生产用饲料配方，尤其是采用配方软件编制的饲料配方，因为计算机主要是依据饲料标准和饲料原料营养价值的化学测定结果进行计算和成本优化的。一般修订的主要参考因素需要针对实际的营养价值数据、饲料中有毒有害因素、饲料加工生产技术要求、饲料配方成本、饲料产品的质量定位等。

68. 如何选择水产膨化饲料配方编制的饲料原料？

如何选择进入饲料配方的饲料原料？是依据饲料企业现有的饲料原料，还是依据饲料产品的基本定位和饲料配方的要求来选择饲料原料？或者两者兼顾？

应该是依据饲料产品的基本定位和饲料配方的要求来进行饲料原料来选择。然而，在实际生产中，通常会出现前一种情况，即依据饲料企业现有的饲料原料来选择，尤其是小型饲料企业和自配料的企业。其实出现这种情况的主要原因是饲料原料的价格问题。同一种饲料原料可能有不同的采购价格，于是依据什么原则来采购饲料原料呢？应该是依据饲料原料的质量，包括营养质量和安全性质量。对于营养质量及其性价比一般较为重视，而对于饲料原料的非营养质量，尤其是安全性质量则一般不受到重视，成为被忽视的领域。也正是这种忽视可能使同种饲料原料具有不同的采购价格，且由于饲料原料中不安全因素随饲料原料在配合饲料中的潜伏，最终可能导致饲料产品的养殖效果不显著，甚至带来养殖事故。

决定一个饲料产品质量的关键因素除了配方外，重要的就是饲料原料的选择和饲料原料质量。饲料原料的质量对饲料产品质量具有决定性的作用。可以这样认为，饲料原料是水产饲料产业的质量基础、价值基础和经济效益基础，也是养殖鱼类生长基础、健康基础；养殖动物产品的食用安全源头是饲料，而饲料安全的源头是饲料原料，所以也是水产品食用安全的基础。因此，水产饲料原料的基础地位可以体现为：饲料的质量基础、饲料的价值基础、养殖的效益基础、水产品的食用安全基础。

69. 饲料配方编制的主要方法有哪些?

饲料配方编制的方法有多种，主要还是利用 Microsoft Excel 计算和专用的配方软件（如资源、百瑞儿等）计算的方法。前者主要是从事饲料配方编制的个人使用，后者一般是大中型饲料企业、饲料企业集团的技术人员使用。无论哪种计算方法，其计算的主要依据还是饲料原料的营养成分值与饲料标准中营养价值之间的关系，要通过饲料原料的组合，使饲料产品中的营养价值达到饲料标准中的营养价值要求，反复调试和反复计算，直到最后达到要求。

70. 如何根据配方设计出高质量的成品饲料?

应该从两个方面来看待饲料产品的设计质量：一是设计的饲料产品质量与饲料标准（主要是企业标准）中主要营养素的数量吻合程度，这是饲料产品设计（配方编制）的基本准则，在饲料配方确定后，其饲料产品的质量就基本确定了，这就是饲料产品的设计质量；二是设计的饲料产品能够达到的实际养殖效果，或称为实际效价，因为即使饲料产品的化学营养指标达到饲料标准的要求，而实际养殖效果可能有很大的差异。

如何看待饲料产品的设计质量与实际养殖效果的关系，是一个值得探讨的问题。因为有多种因素、多个环节均可影响饲料产品设计质量的实现，这就是为什么相同的饲料配方具有不同的养殖效果的主要原因。

对于饲料设计质量的实现也需要从两个方面来理解：一是饲料营养物质（营养质量）在饲料设计质量实现过程中会发生怎样的变化，这种变化包括好的方面（如改善消化性能），也包括不好的变化（如加工过程中对热敏感物质维生素、酶、有效赖氨酸等的损失）；二是饲料中潜在的有毒物质在饲料设计质量实现过程中的变化、迁移路径。

如果从饲料被养殖动物利用历程途径分析，一个饲料产品在被摄食进入消化道后就开始了被消化、吸收、代谢、合成、转化等基本生物过程。被动物吸收后的营养物质进入血液中，由于动物内稳定生理机制的作用，会通过对代谢机制的调节作用，防止血液、组织液中某种营养物质（如氨基酸）浓度过高或过低，如果饲料中营养素不平衡，就可能导致过多的营养物质作为能量物质或转化为其他物质，以保持内环境的生理稳定。

饲料产品实际质量的体现要通过养殖效果进行评价，养殖效果主要从饲料转化与利用效率（包括饲料系数、单位鱼体增重所消耗饲料成本）、养殖鱼体生长速度（如鱼体经过养殖达到的上市规格、个体或群体增重倍数、单位养殖面）积增重量）、养殖鱼产品健康和食用安全等不同方面进行评价。

71. 如何对水产膨化饲料进行定位？

目前，在鱼类饲料方面存在的主要问题之一就是饲料产品定位不准确，由此造成饲料质量、饲料价格要么过高、要么过低，并由此影响到养殖鱼类所消耗的饲料成本过高，养殖户出现养殖亏损，饲料厂也没有生产利润。

饲料产品定位主要有饲料价格定位、产品质量定位（营养水平）、饲料产品养殖效果定位、饲料安全性定位等，其中饲料价格定位最为基础，它决定了饲料产品质量、养殖效果和安全性。饲料价格包括饲料配方成本价格、饲料生产与销售价格、饲料市场价格（养殖客户终端价格）等。

一个饲料产品进入市场主要包括饲料生产、饲料经销（销售）、饲料消费（养殖）三个基本环节，从经济利益方面分析，饲料企业、饲料经销商、养殖户组成了一个利益共同体。在这个利益共同体中，三个环节均要有利润、有利益获得是最为基本的条件。而养殖户是饲料产品价值实现的终端，只有其实现了利益的价值，才可能保障饲料经销商、饲料企业利润的实现。因此，要保障养殖户有利润就成为饲料产业链实现利润的基本条件。

饲料产品质量定位和饲料产品市场价格定位的基本顺序是：饲料产品质量（营养质量、加工质量、卫生质量）←饲料配方成本←养殖鱼产品的品质和市场价格←鱼产品的市场供求关系。这就是按照水产品市场终端利益保障为基础的饲料质量与价格的反向定位方法。

72. 水产饲料质量与价格的反向定位方法是什么？

养殖水产品市场需求和市场价格已经成为左右水产饲料价格的主要因素，按照市场价值分配的合理性分析，首先要保障水产养殖户的养殖效益获得。以草鱼养殖为例，如果按照我国草鱼养殖池塘销售价格 9 元/千克计算，养殖户的利润、养殖成本按照表 4-2 计算得到养殖的饲料成本为 5.67 元/千克草鱼。如果按照我国多数饲料的转化效率以饲料系数 1.8 计算，依据表 4-2 计算得到草鱼饲料的配方成本单价为 2 488.5 元/吨。配方师就可以按照此配方成本确定饲料产品的营养方案和饲料原料模块方案。

表 4-2 养殖饲料成本和饲料配方成本定位分析

按照草鱼塘池塘售价 9 元/千克计算				草鱼饲料单价 3 150 元/吨		
	比例（%）	价值（元/千克）	按照饲料系数 1.8 计算，养殖 1 千克草鱼需饲料 1.8 千克，则饲料单价为 5.67÷1.8＝3.15（元/千克）		比例（%）	价值（元/千克）
养殖户利润	14	1.26		饲料经销商毛利	8	252.00
养殖非饲料成本	23	2.07		饲料生产成本 5%＋毛利 8%	13	409.5
饲料成本	63	5.67		配方成本	79	2 488.50

73. 水产饲料价格反向定位的依据是什么？

如何从饲料方面保障养殖户的利润实现，关键是控制养殖消耗的饲料成本。在使用饲料养殖的生产行为中，饲料成为养殖鱼类成本的主要构成，养殖消耗的饲料成本占鱼类养殖成本的80%以上。不同鱼类的市场价格不同，不同鱼类的营养需求不同，养殖条件也有一定的差异，养殖单位鱼产品所消耗的饲料成本也不同。那么，养殖一种特定鱼类所消耗的饲料成本到底控制在多少才是最适宜的？这是随鱼产品市场价格波动而变化的，由养殖鱼种类当时的鱼产品市场价格和供求量所决定的。就普通养殖鱼类如草鱼、武昌鱼、鲤鱼等，根据近年的市场价格变化分析，如果养殖所消耗的饲料成本能够控制在 6 元/千克左右，养殖户是可以获得养殖利润的，这个养殖饲料成本价格可以作为饲料产品定位的一个上限，超过这个上限，养殖普通鱼类在养殖户这个环节就可能出现养殖利润下降或亏损；而养殖饲料成本低于这个上限时，养殖户获得养殖利润的概率就增大，降低幅度越大，获得养殖利润的概率越大，利润越高。

如果依据养殖消耗的饲料成本控制上限（6 元/千克），如何确定饲料配方成本和饲料销售价格？结合饲料系数，养殖 1 千克鱼的饲料成本＝饲料价格（元/千克）×饲料系数，三者之间的关系见表 4-3。如果以养殖 1 千克鱼的饲料成本 6 元/千克作为上限，由表 4-3 可知，饲料销售价格 2 500 元/吨，要保证养殖鱼的饲料成本 6 元/千克以下，饲料系数就必须在 2.4 以下；如果饲料销售价格在 3 000 元/吨，饲料系数必须在 2.0 以下；如果饲料销售价格在 4 000 元/吨，饲料系数必须在 1.5 以下。

表 4-3 养殖 1 千克鱼饲料成本与饲料系数、饲料价格的关系

饲料价格	饲料系数										
（元/吨）	1.5	1.6	1.7	1.8	1.9	2	2.1	2.2	2.3	2.4	2.5
2 500	3.75	4	4.25	4.5	4.75	5	5.25	5.5	5.75	6	6.25
2 600	3.9	4.16	4.42	4.68	4.94	5.2	5.46	5.72	5.98	6.24	6.5
2 700	4.05	4.32	4.59	4.86	5.13	5.4	5.67	5.94	6.21	6.48	6.75
2 800	4.2	4.48	4.76	5.04	5.32	5.6	5.88	6.16	6.44	6.72	7
2 900	4.35	4.64	4.93	5.22	5.51	5.8	6.09	6.38	6.67	6.96	7.25
3 000	4.5	4.8	5.1	5.4	5.7	6	6.3	6.6	6.9	7.2	7.5
3 100	4.65	4.96	5.27	5.58	5.89	6.2	6.51	6.82	7.13	7.44	7.75
3 200	4.8	5.12	5.44	5.76	6.08	6.4	6.72	7.04	7.36	7.68	8
3 300	4.95	5.28	5.61	5.94	6.27	6.6	6.93	7.26	7.59	7.92	8.25
3 400	5.1	5.44	5.78	6.12	6.46	6.8	7.14	7.48	7.82	8.16	8.5
3 500	5.25	5.6	5.95	6.3	6.65	7	7.35	7.7	8.05	8.4	8.75
3 600	5.4	5.76	6.12	6.48	6.84	7.2	7.56	7.92	8.28	8.64	9
3 700	5.55	5.92	6.29	6.66	7.03	7.4	7.77	8.14	8.51	8.88	9.25
3 800	5.7	6.08	6.46	6.84	7.22	7.6	7.98	8.36	8.74	9.12	9.5
3 900	5.85	6.24	6.63	7.02	7.41	7.8	8.19	8.58	8.97	9.36	9.75
4 000	6	6.4	6.8	7.2	7.6	8	8.4	8.8	9.2	9.6	10

问题的关键是，饲料销售价格在 2 500 元/吨，养殖的饲料系数能否控制在 2.4 以下？饲料销售价格在 3 000 元/吨，饲料系数能否控制在 2.0 以下？饲料销售价格在 4 000 元/吨，饲料系数能否控制在 1.5 以下？这必须要分析当时、当地的饲料原料的价格、饲料配方成本、饲料销售费用等参数。这就是饲料配方定位的关键性技术问题，不同鱼类、不同地区、不同饲料企业要实现上述目标的能力有较大的差异，要依据自己的情况来进行分析。

商品饲料的成本构成为：饲料销售价格＝饲料配方成本＋加

工费＋销售费＋运输费＋经销费＋资金利息＋折旧费＋饲料厂利润。根据国内一般情况，"加工费＋销售费＋运输费＋经销费＋资金利息＋折旧费＋饲料厂利润"的大致费用为 750 元/吨左右，因此饲料销售价格一般为"饲料配方成本＋750"，或者"饲料销售价格－750"，这个值基本上就是饲料配方成本价格。如果饲料销售价格为 2 500 元/吨，则饲料配方成本价格为 1 750 元/吨；饲料销售价格为 3 000 元/吨，则饲料配方成本价格为 2 250 元/吨；饲料销售价格为 4 000 元/吨，则饲料配方成本价格为 3 250 元/吨。那么，在饲料配方成本价格分别为 1 750 元/吨、2 250 元/吨、3 250 元/吨的条件下，养殖普通鱼类如草鱼、武昌鱼的饲料系数能否控制在 2.4、2.0、1.5 呢？这就必须根据饲料原料的价格、养殖鱼类的营养需求、配合饲料的养殖效果进行分析。

根据 2009 年我国华东地区饲料原料的价格，草鱼、武昌鱼的基本营养需求，配合饲料的养殖效果，提出了参考配方（表4－3），使用此参考配方养殖草鱼、武昌鱼，可以基本实现养殖系数在 2.0 以下。在饲料参考配方中，粗蛋白水平 22%～30%，赖氨酸/蛋氨酸为 2.69%～2.85%，粗脂肪 3.3%～4.45%，蛋白质/脂肪为 6.44%～6.98%，消化能 2.29～2.64 兆焦/千克，总磷 1.23%～1.40%，计算的有效磷 0.70% 左右，粗纤维 7%以下。对于鱼种可以选择粗蛋白水平 28%～30% 的配方方案，而初始体重在 1 千克以下的鱼可以选择饲料粗蛋白水平 26%～28% 的配方，初始体重大于 1 千克的则可以选择饲料粗蛋白水平 22%～26% 的配方。

综合表 4－3 的参考配方和养殖效果分析，在前面的分析中，以 2 500 元/吨的饲料销售价格、1 750 元/吨的饲料配方成本价格，要实现养殖草鱼、武昌鱼的饲料系数在 2.4 以下几乎是不可能的。因为棉粕、菜粕的平均价格在 1 900 元/吨甚至更高，1 750元/吨的饲料配方成本已经低于菜粕或棉粕的价格。草鱼、武昌鱼是我国养殖的淡水鱼类营养需求较低、饲料价格较低的种类，它们都难以实现上述目标，其他鱼类更难实现。那么，要实现养殖的饲料系数低于2.5，草鱼、武昌鱼饲料配方成本价格最低应该达到多少呢？提出以棉粕、菜粕平均价格作为草鱼、武昌鱼饲料配方成本价格定位基础的推算方法。

根据表4-3，可以知道参考配方中，棉粕、菜粕占配方的比例达到42%～46.5%，是饲料配方的主要组成，也是饲料配方成本的主要构成。因此，饲料原料中棉粕、菜粕的价格可以作为草鱼、武昌鱼饲料最低价格的一个参考。在20世纪80年代有单独用菜粕养殖草鱼，饲料系数一般在3.5左右，表4-3配方使用了鱼粉、小麦、油脂、磷酸二氢钙等优质原料，在我国华东地区使用上述参考配方，养殖的饲料系数可以保持在2.5以下，可以基本实现养殖1千克草鱼或武昌鱼的饲料成本在6元/千克以下的目标。以粗蛋白22%的参考配方为例，饲料配方的价格在2046元/吨，棉粕、菜粕平均价格1900元/吨，2046－1900＝146（元/吨），计整数为150。因此，可以将棉粕、菜粕的平均价格＋150（元/吨）作为草鱼、武昌鱼配合饲料最低配方价格。

按照前面关于饲料销售价格构成的分析，草鱼、武昌鱼的饲料销售价格应该为2050＋750＝2800（元/吨），其他鱼类由于营养需求高于草鱼，其饲料配方价格、饲料销售价格应该高于草鱼的配方价格。

74. 饲料价格变化与饲料成本有什么关系？

根据作者的分析和实际生产情况，笔者认为低于"养殖鱼类饲料配方成本最低保障价格"的市场竞争，只会使养殖饲料成本增加，同时损害养殖户和饲料企业、饲料经销商的利益，是恶性竞争对策；维持养殖鱼类饲料最低保障价格的市场竞争可以保障养殖户的利益，也保障饲料企业、饲料经销商的利益。其原因在于饲料价格影响饲料质量，饲料质量影响饲料系数，饲料系数和饲料价格共同影响养殖饲料成本；在养殖鱼类饲料最低保障价格基础上，饲料系数变化对于养殖饲料成本的影响程度远大于饲料价格变化的影响。

养殖单位重量的鱼产品，饲料成本计算公式为：

饲料成本＝饲料单价（元/千克）×饲料系数

饲料系数＝消耗的饲料量/鱼增加重量

根据计算公式，首先分析饲料系数变化对养殖饲料技术单价成本的影响。如果饲料系数增加 0.1，则养殖饲料成本增加值为"饲料×0.1"，以饲料单价为 2.8 元/千克为例，饲料系数增加 0.1 则养殖鱼产品饲料成本的增加值为 0.28 元/千克。相反，如果饲料系数降低 0.1，则养殖鱼饲料成本下降值为 0.28 元/千克。

其次，分析饲料价格变化对养殖饲料成本的影响。如果饲料配方成本或饲料销售价格增加 200 元/吨，则养殖单位重量鱼产品饲料成本的增加值为"0.2（元/千克）×饲料系数"，以饲料系数 2.5 为例，饲料价格增加 200 元/吨，则养殖鱼饲料成本增加值为 0.5 元/千克。

值得注意的是，饲料配方成本增加 200 元/吨，如果完全用于提高饲料质量（如用于增加鱼粉的使用量），则饲料的养殖效果得到改善，饲料系数将降低。按照饲料配方成本增加 200 元/吨计算，按照表 4-4 的配方体系，实际可以在饲料配方中增加 2.6% 的进口鱼粉（鱼粉价格按照 7.5 元/千克计算）使用量，这时可以使养殖的饲料系数降低 0.2。如果以饲料价格 2 800 元/千克、饲料系数 2.5 为基础计算，养殖单位重量鱼产品（1 千克）的饲料成本变化值为：饲料系数降低 0.2，减少养殖饲料成本 0.56 元/千克；饲料销售价格增加 200 元/吨，使养殖 1 千克鱼的饲料成本增加值为 0.5 元/千克，最后，养殖 1 千克鱼的饲料成本实际增加值为：－0.56＋0.5＝－0.06（元/千克），即养殖销售的饲料成本实际下降 0.06 元/千克，养殖户可以获得更多的养殖利润。

表 4-4　草鱼、武昌鱼参考配方

配方		粗蛋白含量（%）								
		30	29	28	27	26	25	24	23	22
原料（克）	次粉（1.5元/千克）	30	29	28	27	26	25	24	23	22
	细米糠（1.5元/千克）	110	110	120	120	125	130	130	130	130
	豆粕（1.5元/千克）	70	65	60	55	35	30	20		
	菜粕（1.5元/千克）	220	230	220	220	220	220	210	210	200
	棉粕（1.5元/千克）	230	235	235	230	230	230	220	210	200
	进口鱼粉（1.5元/千克）	70	60	50	45	40	35	35	35	35
	肉骨粉（1.5元/千克）	70								
	磷酸二氢钙（1.5元/千克）	19	20	21	21	21	21	21	22	22
	沸石粉（1.5元/千克）	14	13	12	12	17	17	16	15	15
	膨润土（1.5元/千克）	20	20	20	20	20	20	20	20	20
	豆油（1.5元/千克）	15	15	13	10	10	10	8	5	5
	小麦（1.5元/千克）	165	165	165	165	165	165	165	165	165
	米糠粕（1.5元/千克）		18	40	50	62	65	70	100	110
	预混料（1.5元/千克）	10	10	10	10	10	10	10	10	10
	合计	1 000	1 000	1 000	1 000	1 000	1 000	1 000	1 000	1 000
	成本	2 511	2 417	2 331	2 270	2 192	2 156	2 118	2 056	2 046
饲料成分	粗蛋白（%）	29.54	28.61	27.44	26.81	25.47	24.76	23.70	22.48	21.86
	消化能（兆焦/千克）	2.64	2.58	2.51	2.47	2.42	2.41	2.41	2.30	2.29
	钙（%）	1.52	1.35	1.28	1.26	1.41	1.37	1.30	1.27	1.26
	赖氨酸（%）	1.35	1.29	1.22	1.18	1.09	1.04	0.98	0.92	0.90
	蛋氨酸（%）	0.48	0.46	0.43	0.42	0.39	0.38	0.36	0.34	0.33
	粗纤维（%）	6.34	6.42	6.32	6.27	6.21	6.23	6.05	5.86	5.67
	粗脂肪（%）	4.45	4.30	4.15	3.84	3.83	3.85	3.66	3.33	3.33
	赖氨酸/蛋氨酸	2.85	2.82	2.82	2.81	2.77	2.76	2.74	2.69	2.69
	原料磷含量（%）	1.00	0.92	0.89	0.87	0.84	0.80	0.79	0.77	0.76
	总磷（%）	1.40	1.35	1.34	1.32	1.29	1.27	1.24	1.24	1.23
	磷酸二氢钙磷（%）	0.40	0.42	0.45	0.45	0.45	0.45	0.45	0.47	0.47
	有效磷（%）	0.70	0.70	0.71	0.71	0.70	0.69	0.69	0.70	0.70
	钠/钾/氯（%）	1.28	1.82	2.49	2.79	3.13	3.21	3.33	4.25	4.56

但是，如果在饲料价格 2 800 元/吨的基础下，饲料销售价格下降 200 元/吨，如果此下降的 200 元/吨全部由饲料配方成本下降（如减少鱼粉、豆粕等使用量）来消化，则可以使养殖的饲料系数增加 0.2，按照前面的计算方法计算，养殖 1 千克鱼的饲料成本实际增加值为 0.56+（-0.5）=0.06（元/千克），即养殖销售的饲料成本实际增加 0.06 元/千克。

从以上分析可以知道，在保障养殖鱼类基本需求的情况下，适当增加饲料的价格可以降低饲料系数，养殖单位鱼产品消耗的饲料成本可以更低；而降低饲料价格将增加养殖的饲料成本，使养殖消耗的饲料成本更高。从保障"饲料企业、饲料经销商、养殖户利益共同体"的目标分析，提高饲料价格比降低饲料价格是更为合理的市场竞争对策。相反，如果以降价作为饲料竞争对策，实际只能使养殖鱼的饲料成本增加而不是降低。饲料低价竞争是不符合客观规律的。

为什么说饲料的低价竞争只能增加养殖的饲料成本？还可以通过以下分析得到验证。以草鱼为例，如果饲料价格低于正常保障水平，如为 2 500 元/吨，饲料配方成本只能为 1 750 元/吨，这在 2009 年已经低于菜粕或棉粕的价格，养殖草鱼的饲料系数即使能够维持在 3.0，那么养殖 1 千克草鱼的饲料成本为 7.5 元/千克；如果提高饲料价格、同时提高饲料品质，使饲料价格达到 2 800 元/吨，饲料系数 2.5，养殖 1 千克草鱼的饲料成本为 6.25 元/千克，养殖户可以保障养殖利润，或获得更多的养殖利益，同时饲料企业也可以保障市场份额，并逐年扩大市场占有率。

出现上述情况有一个基本事实，就是饲料销售价格不能低于养殖鱼类营养所需要的最低饲料保障价格。在保障养殖鱼类最低生长要求的前提下，尽量降低饲料成本、控制饲料价格是有效的；而单纯降低饲料价格、降低饲料品质，只能使养殖的饲料成本增加，损害饲料企业—饲料经销商—养殖户利益共同体的共同利益，在获得短暂利益的情况下，失去饲料的市场占有率、失去饲料企业的发展空间，损害长期利益。饲料价格竞争会严重影响到饲料产品质量，最终影响到养殖效益和饲料企业的经济效益。

关于草鱼饲料的实证案例，2009 年在江苏的实际饲料生产和养殖中，如果饲料终端价格在 2 800 元/吨，饲料系数 2.1，养殖饲料成本 5.88 元/千克。如果按照小麦 16%、大麦 4%、小麦麸 5.5%、洗米糠 12%、棉籽粕 22%、菜籽粕 21%、鱼粉（蛋白 64.5%）3%、白酒糟 6%、油菜籽 3%、磷酸二氢钙 2%、膨润土 2%、沸石粉 2%、预混料 1%、鱼虾 4 号 0.002% 的饲料配方生产饲料，饲料终端价格达到 3 000 元/吨，实际得到的养殖饲料系数 1.7，养殖草鱼的实际成本 5.1 元/千克。价格增加 200 元/吨时，养殖的饲料成本显著下降，饲料产品具有更好的市场竞争优势。因此，一个饲料产品的合理定位是非常重要的，定位的核心应该是养殖 1 千克鱼产品的实际饲料成本。过低的饲料价格定位将导致饲料厂、饲料经销商、养殖户三输的局面。

75. 怎样设计武昌鱼饲料配方？

武昌鱼在全国都有养殖，但不同地区的武昌鱼市场价格差异较大，所以饲料的设计也有差异。目前关于配方设计的几个主要问题，以武昌鱼饲料配方设计进行分析和说明。

（1）饲料粗蛋白质是不是越高越好。笔者的主张是以优质饲料蛋白质原料为基础，尽量降低饲料蛋白质水平，一方面可以节约饲料蛋白质资源，同时也减少饲料蛋白质对水体的污染量；另一方面可以有效控制饲料配方成本，控制配合饲料质量。武昌鱼饲料在江苏地区，饲料蛋白质水平从 27.5% 到 32% 的饲料产品都有，但是饲料的销售价格则差异不大，最大差异在 150 元/吨左右，因此饲料的出产价基本一致。

（2）武昌鱼的体色、黏液等健康质量如何通过饲料进行控制。养殖武昌鱼出现体色变化、体表黏液减少、抗应激能力下降等症状，主要还是鱼体生理健康受到影响所造成的。在实际生产中，要求在 8 月、9 月的高温季节捕捞和销售武昌鱼，且不出现体色变化、体表黏液减少也就是所谓的"皮毛"和光洁度要好。笔者提出的观点是以优质的饲料原料保障饲料安全质量，以饲料安全质量保障养殖鱼体健康，以鱼体健康获得最佳生长速度和饲料效率。这是主动性鱼体健康维持的营养和饲料方案。因此，需要选用优质的饲料原料如鱼粉、豆粕、棉粕、菜粕、小麦、豆油等，尽量避免消化率低、油脂氧化、含霉菌毒素量大的饲料原料如磷脂粉、蚕蛹、玉米 DDGS（酒糟蛋白饲料）、鱼油等。而优质的饲料原料需要较高的价格，所以饲料配方成本相对较高，这可以通过降低饲料蛋白质水平，并与高蛋白质饲料价格保持一致来实现。

（3）按照养殖鱼类市场价格倒推饲料配方成本的定位方法。按照实际养殖效果，武昌鱼养殖饲料系数 1.8，养殖饲料成本控制在 6.6 元/千克。这样的话，倒推客户的饲料价格为 3 670 元/吨，减去生产费用、运输费用和销售费用等，合计为 800 元/吨，则饲料配方成本为 2 870 元/吨。

武昌鱼饲料配方实例见表 4 - 5。如果以表 4 - 5 配方（连续多年的实际养殖的饲料系数在 1.8 左右），饲料粗蛋白 28.04%、粗脂肪 6.11 等为设计要求，其中对生长效果影响较大的原料主要为进口鱼粉 3.5%、肉粉 3.0%、小麦 16.5%、磷酸二氢钙 2.0%、菜籽油 3.0% 等。配方 3 的饲料配方成本 2 878 元/吨，经过几年的实际生产结果，可以实现养殖饲料系数 1.8 的技术要求，且可以在高温季节的 8 月、9 月捕捞和销售，鱼体不出现体色变化、不出血、体表黏液正常、鳞片紧、耐运输等。

表4-5　武昌鱼饲料配方举例

配方		配方 1	配方 2	配方 3
		粗蛋白 30%	粗蛋白 30%	粗蛋白 28%
原料（克）	细米糠（2.20 元/千克）	120	120	150
	米糠粕（2.00 元/千克）			39
	豆粕（3.60 元/千克）	67	105	70
	油菜籽（4.90 元/千克）	30.00	30.00	30.00
	菜粕（2.30 元/千克）	190	170	170
	棉粕（2.40 元/千克）	240	220	180
	白酒糟（1.10 元/千克）	50	40	50
	血粉（7.5 元/千克）	26		
	进口鱼粉（9.00 元/千克）	10	35	35
	肉粉（6.50 元/千克）	20	30	30
	磷酸二氢钙（3.40 元/千克）	20	20	20
	沸石粉（0.30 元/千克）	20	20	20
	膨润土（0.26 元/千克）	20	20	20
	豆油（9.00 元/千克）	19	16	11
	小麦（2.15 元/千克）	158	164	165
	预混料（15.00 元/千克）	10	10	10
	合计	1 000	1 000	1 000
	成本	2 875	2 988	2 878
营养指标	粗蛋白（%）	30.02	30.04	28.04
	消化能（兆焦/千克）	2.63	2.65	2.63
	总磷（%）	1.28	1.36	1.42
	赖氨酸（%）	1.41	1.42	1.31
	蛋氨酸（%）	0.46	0.48	0.46
	粗灰分（%）	11.48	11.90	12.04
	粗纤维（%）	6.99	6.69	6.66
	粗脂肪（%）	6.17	6.12	6.11

　　表4-5中配方1是饲料粗蛋白水平30%，而饲料配方成本与配方3保持一致，即在相同配方成本下，饲料粗蛋白水平多2

个百分点，其养殖效果不是提高而是下降，配方 1 增加 2 个百分点饲料粗蛋白无意义。在配方模式大致接近的情况下，如何做到饲料粗蛋白水平增加 2 个百分点？就只能在动物蛋白质模块和植物蛋白质模块中调整配方，配方 1 使用了血细胞粉来增加饲料蛋白质，其动物蛋白模块（总量 5.6%）原料比例为血细胞粉 2.6%、进口鱼粉 1.0%、肉粉 2.0%，仅仅此模块与配方 3 中的（总量 6.5%）进口鱼粉 3.5%、肉粉 3.0% 相比较，所生产的饲料实际养殖效果应该是配方 3 优于配方 1。同时，配方 1 养殖的武昌鱼在抗应激、体色等方面的效果也不如配方 3。其主要原因是配合饲料需要增加 2 个百分点蛋白质而饲料配方成本不能增加，就只能选用价格较低、实际养殖效果较差的蛋白质原料如血细胞粉，如果配方中等量的血细胞粉和鱼粉比较，血细胞粉的养殖效果要差一些。配方 1 和配方 3 在实际生产中均有饲料企业采用，实际使用结果也是配方 1 的养殖效果低于配方 3。从这个例子中可知，在满足养殖鱼类蛋白质水平的前提下，再增加饲料蛋白质是无意义的。

如果要与配方 3 中的主要原料用量、实际养殖效果保持一致，而增加 2 个百分点的饲料蛋白质，可以见配方 2。配方 2 和配方 3 的养殖效果基本一致，但配方成本增加 110 元/吨也无意义。

从上述分析可以发现，配方 3 是最有市场竞争能力的饲料配方设计，饲料蛋白质含量低于配方 1 和配方 2，在蛋白质原料资源利用方面也有优势，并对养殖水体的氮排放也是最小的。由于选用的都是优质、安全的饲料原料，对于武昌鱼体表颜色、体表黏液、抗应激和耐运输等方面可以达到市场的要求。实际应用效果也证实了上述设计目标。

76. 为什么水产饲料配方需要动态化调整？

饲料配方要适时地进行动态化调整，这是水产动物饲料配方的一个显著特点。营养需要是饲料配方编制需要实现的目标，而水产动物的营养需要是动态变化的，所以饲料配方也要进行相应的动态化调整。主要包括生长阶段和营养需要的变化；水产动物生长特性和营养需要的变化；季节变化与鱼类营养需要特点的变化；地理区域差异与营养需要的适应性变化；混养条件下水产动物营养方案的变化；不同养殖密度下的营养需要变化。

77. 生长阶段与营养需要的变化有什么关系？

养殖动物的目的是为了规模化获得动物产品，养殖水产动物从受精卵发育开始，经历苗种、鱼种、育成鱼到商品鱼的过程，其组织器官、生理代谢功能不断分化、发育、成熟，并完成从幼鱼到商品鱼的生长历程，这个过程称为水产动物的生活史。在不同的发育、生长阶段所需要的营养素种类，尤其是数量具有显著差异，即营养需要量具有显著差异。这就是为什么营养需要量具有生长阶段性的主要原因。

根据鱼体生长的阶段分析来看，鱼体生理和营养需求变化较大的阶段主要在鱼苗期、性成熟前的幼鱼期、性成熟期和性成熟后期。鱼苗期主要为开口饲料，由于对原料的粉碎细度要求很高，颗粒又要很小，在饲料工业上难度很大，饲料需求量也不大，所以一般很少生产水产动物的开口饲料，在实际生产中多用天然饵料或卤虫卵。在性成熟前的幼鱼也是配合饲料主要的应用对象。性成熟期和性成熟后期由于生长速度很慢，养殖者也不多。而鲫鱼养殖一般经过一年已经性成熟了，是在性成熟后期进行养殖。

一般情况下，在实际生产中，每个阶段的蛋白质含量一般设置相差 2 个百分点即可。如鲫鱼 50 克/尾以前设置为 34%，50～500 克/尾设置为 32%，500 克/尾以后设置为 30%。同一养殖种类在不同生长阶段对蛋白质需要量有一定的差异，这既是鱼体自身代谢需要的差异，也是其对饲料蛋白质消化能力、对饲料中有毒副作用物质的耐受能力差异所致。

78. 水产动物生长与营养需要有什么关系？

水产动物在不同生长阶段具有不同的生长特点，对营养的需要量也不同。要针对水产动物不同生长阶段、营养与饲料技术方案，采取"适应生长阶段的分段指导"原则。

（1）生长的不确定性。鱼种个体生长的差异很大，如果环境条件适宜，鱼体可以在整个生命周期均表现为生长状态，只是生长速度随着年龄增长而下降；即使来自同一繁殖群体的后代，在相同条件下生长速度也具有一定的差异，这称为鱼类生长的离散性。所以，在同一个养殖池塘中同时出塘的商品鱼有的个体较大，有的个体较小。如果在饲料投喂时兼顾小个体鱼摄食（使用小颗粒粒径的饲料），则可有效减少生长的个体差异性。

（2）生长的可变性。同种鱼类在不同的环境条件下表现为不同的生长速度，而且达到性成熟的年龄可能也不同。在不同水系条件下同种鱼类可表现不同的生长速度，如鲢、鳙、草鱼在长江、珠江和黑龙江的生长速度有逐渐下降的趋势。在实际生产中，利用不同水系亲鱼鱼种可获得更好的生长速度和饲料效率；同时，达到商品规格的个体大小也有一定的差异。

（3）生长的阶段性。鱼类有性成熟前期、性成熟后期和衰老期三个阶段的生长速度有较大差异。在性成熟前期，鱼体生长主要表现为体长的生长，鱼体重量的增长表现不明显；性成熟期，鱼体生长主要表现为鱼体重量的增长，鱼体体长的变化较小；性成熟后期，鱼体生长主要为生殖生长，鱼体重量和体长的变化不明显。因此，养殖生产主要为性成熟前期的鱼，仅有罗非鱼、鲫鱼在性成熟后期也进行养殖生产。

（4）生长的季节性差异。鱼类在一年中生长的速度随着季节的变化有较大差异。在春季和夏季，体重和体长的增长较大；在冬季体重和体长的增加很小，但鱼体干物质的积累较多。

（5）生长的性别差异。许多鱼类雌雄个体的生长速度、个体大小和性成熟的年龄大小有较大的差异，多数表现为雌性个体强于雄性个体，而罗非鱼则是雄性个体强于雌性个体。

（6）甲壳动物的阶梯式生长。甲壳动物的生长是阶梯式的生长方式，其重量的增长在蜕壳后较短一段时间内完成，此时体重的增加主要为水分。在壳硬化后体重就不再增加了。虾在一次蜕壳之前，摄取食物用于合成体蛋白质、脂肪等，由这些营养物质将水分置换出来，总重量、总体积不会出现大的变化，等待下一次蜕壳时体重、体积再进行增长。

79. 季节变化与鱼类营养需要有什么关系？

水产动物是变温动物，变温动物的基本特点是没有恒定的体温，其体温随着水域环境温度的变化而适时变化。变温动物的营养需要表现为以下特点：一是不需要消耗物质和能量来维持其体温的恒定，在维持营养、维持能量需要方面相对陆生恒温动物要低；二是由于其体温变化引起动物体生理代谢强度的相应变化，在营养与饲料对策上可采取分季节指导的原则。在一个生长周期，可以考虑三个生长阶段：6 月以前、7～9 月、10 月及以后。6 月以前水温较低，养殖鱼类如果要达到快速生长目的，就必须增加蛋白质、油脂和矿物质的量；7～9 月水温较高，可以适当增加蛋白质数量；10 月以后，水温已经开始下降，鱼类准备越冬，要积累脂肪和增肥，可以适当降低饲料油脂量，增加淀粉含量，依赖鱼体自身转化脂肪的能力储存鱼体自身需要的脂肪，增加其肥满度。

水域环境温度是影响养殖水产动物体温的主要因素，水域环境温度的变化随着季节、地理区域而发生显著性变化，因此水产动物的营养需要也要随着养殖季节、养殖地理区域而变化。

鱼类的体温一般较环境水温高 1 ℃左右。水温的变化会影响鱼类新陈代谢的强度，因而也影响鱼类的生长速度、饲料利用效率等。根据温水性鱼类在不同水温下的生长状况，可将鱼类生长期分为三个阶段：①弱度生长期，水温在 10～15 ℃，鱼类体重仅有缓慢生长；②一般生长期，水温在 15～24 ℃，鱼类体长、体重增加速度保持正常；③最适生长期，水温 24～30 ℃，鱼类体长、体重增长速度最快。

表 4-6　主要养殖鱼类适温能力（℃）

种类	生长最低温	适应低温	最适温	适应高温	最高温
鲤鱼	8	15	22～26	30	34
草鱼	10	15	24～28	32	35
青鱼	10	15	24～28	32	35
罗非鱼	14	20	25～30	35	38
虹鳟	3	8	10～18	20	25

不同种类的鱼对温度要求和适应范围有一定差异（表 4-6）。鲤、鲫鱼的生长起点水温为 8～9 ℃；青鱼、草鱼、鲢、鳙、鲂等大多数鱼类在 15 ℃以上才进入明显的生长期；罗非鱼、淡水白鲳在 18 ℃以上开始明显的摄食生长，28～35 ℃为适宜生长期；虹鳟鱼在 6 ℃以上开始明显摄食，10～20 ℃为适宜生长期，25 ℃以上就会因水温过高而死亡。

水温是影响养殖鱼类生长发育、代谢强度的关键性环境因素。在水温低时，要满足快速生长就必须增加配合饲料的蛋白质含量，并保障蛋白质的质量，即要增加鱼粉等优质蛋白质原料的使用比例；当水温较高时，可适当降低配合饲料中蛋白质的质量，即可适当增加菜粕、棉粕的使用比例。

根据目前的情况看，淡水鱼在 13～14 ℃以下时，鱼体利用氨基酸作为能量代谢的能力大大下降，在代谢适应方面转为以脂肪作为能量为主。同时，在此水温下鱼体的摄食率也大大下降，因此要么不投喂饲料，要么增加配合饲料中油脂的含量。如虹鳟等冷水性鱼类配合饲料中油脂的比例高达 10%以上，高的达到 20%左右的油脂。

在水温 18 ℃以下时，鱼体代谢也不是很活跃，此时的配合饲料蛋白质用量、蛋白质质量及油脂的用量均应较高才能保障鱼体快速生长的需要。鱼类快速生长的最佳水温是 24～26 ℃，当水温超过 30 ℃鱼体的应激反应很强，生长也会下降。

在实际生产中要注意两个水温或季节的变化时期：一是由低温向高温转化的时期，一般是在春季或春夏之交（东北地区）；二是由高温向低温转化时期（一般在秋季或秋冬之交）。对于前一个时期，由于鱼类经历越冬期后，消耗了较多的体内营养物质和能量，需要进行物质和能量的补充。然而，由于水温较低，其摄食量也有限，所以可提高饲料中营养物质的浓度水平；同时，由于其代谢特点，在这一时期对脂类作为能量物质的选择较蛋白质更为有效，所以饲料中要适当增加油脂的饲喂量。这一时期营养的特点是高蛋白质、高脂肪、优质蛋白质原料（如鱼粉的使用量较大）。需要注意的是，即使按照这个营养方案，由于水温较低，其生长速度也不会有显著的改善，较夏季生长速度而言，依然处于低生长速度阶段，但对鱼体生理机能的恢复、奠定以后生长的生理基础和物质基础等是有决定性作用的。

对于秋季或秋冬之交，水温逐渐下降到 10 ℃左右或以下，鱼类生理代谢上要做越冬准备，主要是要累积较多的脂肪作为能量物质。在鱼体组成上，也是水分含量逐渐下降、蛋白质和脂肪含量逐渐增加的过程。在代谢上，利用碳水化合物合成脂肪的能力增强。因此，一是可以增加饲料中碳水化合物的含量，以保障鱼体利用饲料中碳水化合物合成脂肪，采用增加饲料中碳水化合物（如玉米、小麦）、脂肪（如豆油）含量，以达到育肥的目的；

二是要注意饲料中控制脂肪酸和氧化酸败和油脂的熔点。脂肪酸氧化酸败产物对鱼体是有毒副作用的，在这一时期饲料中如果有较多的脂肪酸氧化酸败产物就会导致鱼体肝胰脏、肠道损伤加重，并影响到越冬存活率；另外，如果越冬期较长（尤其在东北和西北地区），池塘水温仅 3～4 ℃，如果鱼体内积累有较多脂肪，尤其是肝胰脏中积累有较多的脂肪，同时如果积累的脂肪熔点过低，就会出现脂肪硬化的现象，并导致肝胰脏、内脏团整体硬化，使鱼体生理机能受到极大的限制和影响，导致开春后鱼不摄食且大量死亡。

80. 地区差异与营养需要有什么关系？

由于不同地理区域养殖周期、养殖方式、池塘养殖模式等存在显著差异，营养需要与饲料对策也显示出相应不同。

在农业上，≥10 ℃是重要的农业界限温度，一般把≥10 ℃的日数视为生长期。

水温一般较气温稍微低一些，当气温在 10 ℃时，水温 8～9 ℃。在由低温向高温变化时（春季），主要是温水鱼类开始摄食；在由高温向低温变化时（秋季），养殖鱼类逐步停食。在没有全国水温分布图借鉴的情况下，借用生态学与农业领域的≥10 ℃气温分布图是可行的，可以粗略地将≥10 ℃的天数作为水产养殖周期（天数）。

我国一年中≥10 ℃的天数从 100 天到 365 天，差异非常大。如果将≥10 ℃的天数作为水产养殖周期（天数），我国东北三省、新疆南部、西南部分地区的养殖周期为 100～175 天，华北地区为 200～225 天，华中地区为 200～250 天，华东地区为 225～250 天，华南地区为 275～365 天。

同一种养殖鱼类的商品规格在全国基本相同，如草鱼 2 千克/尾，但养殖周期在全国不同地区差异非常大，表现在营养与饲料对策上就有很大差异。在养殖周期短的地区（如东北、西南、西北地区），只有提高饲料中营养物质浓度、提高饲料质量才能够在较短的时期内使养殖鱼类达到上市规格；而在养殖周期较长的地区（如广东、广西、海南等地区），则可以适当降低饲料中营养水平，在低营养水平下依赖养殖周期的延长而维持生长能力，达到上市规格。

81. 如何制定混养条件下水产饲料的营养方案？

池塘养殖是中国渔业主要生产类型，也是中国历史最为悠久的渔业生产方式。多种鱼类混养可以充分利用池塘水体空间；将不同食性的鱼类（如杂食性、草食性鱼类、滤食性鱼类）混养可以充分利用池塘环境中的物质和能量；将不同个体大小的鱼类混养可以有效延长商品鱼上市时间段，并充分利用池塘水体的载鱼量。

除了不同鱼类进行混养，目前还有虾鱼混养、鱼蟹混养、鱼鳖混养等多种混养模式。除了不同种类混养外，在广西等地区网箱养殖中，也有草鱼、罗非鱼混养形式。

在不同的混养模式下，养殖者对养殖鱼类生长速度、商品鱼种类的需求是有差异的，在饲料对策上一般是按照主要养殖目标鱼类的营养需求进行营养和饲料方案的制定对于池塘混养条件下的营养与饲料方案制定较为困难，但是在养殖生产过程中，结合不同养殖种类、不同营养水平饲料的组合方案是可行的，在实际养殖生产中也取得很好的效果。以一个实际案例来分析养殖生产过程中的饲料组合方案。

在江苏地区，有将鲫鱼、武昌鱼和草鱼等混养的。一个基本的放养模式是：每亩放养 25 克/尾的鲫鱼 1 200 尾、20 克/尾的武昌鱼 800 尾、500 克/尾的草鱼 300 尾。由于市场价格好，养殖户希望鲫鱼和武昌鱼生长速度快，于是选择 4 100 元/吨、饲料蛋白质 30%、饲料脂肪 7% 的饲料，饲料颗粒规格 2.00 毫米。养殖到 7 月中旬，鲫鱼已经到 280 克/尾、武昌鱼达到 300 克/尾，取得很好的养殖效果。但是草鱼则只有 900 克/尾左右，生长很不理想。为什么会出现这种情况呢？如何解决这个问题？

首先，分析饲料的原因。在这种混养模式下使用的饲料营养水平和饲料质量的定位是按照鲫鱼和武昌鱼进行设计的，饲料质量适合鲫鱼和武昌鱼，所以鲫鱼和武昌鱼的生长效果非常好，说明饲料配方设计是正确的、适宜的。但是，草鱼生长不好可能有两种原因：一是草鱼能否吃到足够的饲料。草鱼的个体是最大的（500 克/尾），按照个体大小而言应该吃到饲料，然而饲料颗粒大小主要适应鲫鱼和武昌鱼，颗粒直径为 2.0 毫米，500 克/尾规格的草鱼应该摄食 4.00 毫米直径的饲料，所以有可能因为饲料颗粒太小，草鱼没有摄食到足够的饲料。第二种可能性是饲料营养水平对草鱼形成营养过剩，草鱼生长并不好。

其次，针对这种混养模式下的饲料对策。既要保障草鱼能够摄食到饲料，又要保障摄食到的是适合草鱼营养的饲料，这是解决此问题的关键。使用的饲料适合鲫鱼和武昌鱼，应该继续保持，但要同时增加投喂一种适合草鱼的饲料。比如可选用一种草鱼饲料，蛋白质 28%、脂肪 6%、饲料市场价格 3 400 元/吨，把草鱼饲料直径做成 4.00 毫米，每次投喂的时候，先投喂草鱼饲料，这个规格的饲料鲫鱼和武昌鱼摄食较为困难，主要是让草鱼吃饱；之后再投喂 2.00 毫米直径的鲫鱼和武昌鱼混合饲料。这个饲料方案很好地解决了混养条件下三种鱼类的摄食和生长问题。

82. 不同养殖密度下的营养有什么样的变化？

密度增加对鱼类的个体生长具有明显的抑制作用。高密度作为一种胁迫因子必然引起机体额外的能量需求，并通过改变机体的能量代谢过程，分解消耗体内的能源物质来满足这种需求。种群密度对鱼类的物质及能量代谢产生影响的同时，也改变了营养物质和能量在体内的积累过程，造成其机体生化组成的变化。大多数鱼类的疾病可能不是由环境胁迫直接造成，但胁迫作用可能是一个诱因，造成动物神经内分泌活动变化，进而引起动物更深刻的生理功能障碍，使其免疫功能受到抑制，对环境变化敏感性升高，对病原的易感性增加，为病原的侵入创造了条件。养殖密度增加后，鱼体个体数量增加，对水体中氧气的消耗量显著增加，鱼体会受到氧气供给的环境胁迫。同时，鱼体排泄的废物增加，鱼体受到氨氮等胁迫也会增加。

因此，养殖密度的增加，鱼体抗应激反应增强，所需要的增强鱼体抗应激营养因素要增加，能量要增加。这样的话，饲料中维生素总量需要增加以增强鱼体抗应激能力。为了控制环境氨氮的增加，最适宜的方案是依然控制饲料蛋白质水平，保持低蛋白质水平，增加饲料蛋白质质量，主要是增加饲料中动物蛋白质模块的使用量；同时增加饲料油脂水平和油脂安全质量（氧化酸败程度低的油脂），以适应高密度下水产养殖动物对营养的需求。

83. 水产养殖配方模式化有什么意义？

从饲料企业生产成本控制、饲料生产过程控制和规范化生产的要求出发，可将鱼类饲料配方进行模式化处理。对营养需求、饲料技术要求差异不大的种类，可采用通用性饲料配方生产通用型饲料产品，主要设计不同蛋白质、不同饲料配方成本的系列配方。

模式化饲料配方、模式化饲料配方产品的主要用途：①生物特性相近的种类可以选择相同营养水平、相同价格水平的饲料配方，生产相同的饲料产品；②同一养殖种类的不同生长阶段可以选用不同蛋白质水平的饲料配方和饲料产品，但是基本要素（原料种类、配方模块等）基本一致；③同一种类在不同的地理区域可以选用不同蛋白质水平的饲料配方；④同一种类在养殖产品不同市场价格驱动下，可以选用高一个蛋白质水平的饲料配方；⑤对于不同养殖种类，除了其特殊营养、饲料要求外，其基础营养水平、饲料原料基本一致，如黄颡鱼由于体色的要求需要在饲料中补充色素外，其基础饲料可以选用 38%～42% 蛋白质水平的饲料配方。

84. 饲料配方模式化的基础思路是什么？

模式化配方必须是饲料原料的规范化。其基本思路是：以饲料原料质量的稳定性和安全性保障配合饲料质量的稳定性和安全性；以配合饲料原料质量的稳定性和安全性保障养殖鱼类的生产性能良好、稳定，同时保障养殖鱼类的生理健康；以养殖鱼类的生理健康保障鱼体生长速度，保障养殖鱼类对各类应激因素和病害的抵抗力、免疫防御力，减少病害的发生，同时保障养殖与产品的食用安全性。

饲料原料的规范化主要技术手段包括以下几个方面：①在饲料原料种类、主要类别（模块）的选择具有共同性；②注重饲料的资源量和质量的相对稳定性；③注重饲料原料对养殖鱼类的安全性，尽量避免含氧化脂肪高、含有毒有害成分的原料，避免使用质量不稳定、资源量小的原料；④在主要饲料原料如鱼粉、豆粕、油脂市场价格发生重大波动时应该有替代方案。

在模式化饲料配方中，蛋白质是饲料配方成本的主要构成部分，饲料粗蛋白含量与配方成本的协调性，主要依据不同蛋白水平配合饲料的单位蛋白含量（%）所需要的成本进行调整；氨基酸平衡性主要依据养殖鱼类肌肉氨基酸组成模式与饲料氨基酸组成模式的相关性，计算两者的相关数。笔者计算了模式化配方中不同饲料氨基酸对鲤鱼、草鱼、鲫鱼、斑点叉尾鮰、罗非鱼等氨基酸相关系数，均在 0.82～0.90 之间，赖氨酸/蛋氨酸维持在

4.37～6.44 之间，粗脂肪对于特种养殖种类、苗种阶段鱼类饲料供给量维持在 0.70％。

85. 不同淡水鱼类适合怎样的模式化饲料配方？

蛋白质水平 38％、40％、42％的饲料主要适用于乌鳢、黄鳝、黄颡鱼、翘嘴红鲌等蛋白质需求量高的特种养殖对象；34％、36％蛋白质水平的饲料主要适用于鲫鱼；29％～34％蛋白质水平主要作为鲤鱼、鲫鱼、斑点叉尾鮰、罗非鱼、青鱼等的饲料；28％以下蛋白质水平的饲料主要用于草鱼、武昌鱼等草食性鱼类。

鱼粉作为保障生长速度、饲料效率、鱼体生理机能的重要饲料因素考虑，在不同蛋白质水平的用量主要根据实际养殖效果和饲料配方成本而确定，其饲料系数一般能够达到 1.4～1.8 的水平。

植物蛋白如豆粕，根据不同蛋白质水平其使用量有变化，但与以前的饲料配方相比较，豆粕的使用量明显减少。棉粕、菜粕按照接近于 1∶1 的比例配合使用。同时，单种饲料原料的使用量以不超过 30％而确定棉粕、菜粕的量。在 26％蛋白质水平以上的饲料中使用膨化大豆的目的，一是提供饲料脂肪含量，二是提供饲料磷脂来源。

淀粉类原料以小麦为主要原料，其基本使用量为 14％～16.5％，主要基于碳水化合物能量、颗粒黏接性能的保障要求。如果生产膨化饲料，则小麦的用量在 18％～22％。次粉（或麦麸）和米糠粕是作为饲料填充物，单种原料控制在 10％以下为基本原则使用。

油脂水平与油脂原料以豆油为模式化配方原料，主要是基于养殖效果、油脂氧化酸败的安全性、原料供给保障等因素，油脂水平一般保持在 4％以上。

有效磷主要还是使用磷酸二氢钙提供无机磷。饲料原料中的磷以 30％的利用率计算有效磷，两者之和为饲料的有效磷。对多数鱼类需要的有效磷以保持在 0.7% 以上作为基准。

86. 淡水鱼饲料不同配方模式有什么优缺点？

综合分析，可以将我国水产饲料配方模式分为以下几种类型：①鱼粉、豆粕模式；②低或无鱼粉模式；③鱼粉、棉粕、菜粕模式；④鱼粉、棉粕、菜粕、小麦或玉米模式。不同饲料配方模式具有不同的针对性，鱼粉、豆粕模式可以在鱼粉、豆粕市场价格较低、养殖的水产品市场价格很好，并需要养殖鱼类提前达到上市规格的情况下使用；如果鱼粉的市场价格超过超过饲料配方成本能够接受的范围，就只能采用低或无鱼粉模式。

如果按照饲料粗蛋白含量 32%、鱼粉用量基本保持一致的条件，依据现行的饲料原料价格，设计了四种配方模式的饲料方案（表 4-7）供分析。

表 4-7　水产饲料配方模式的比较

配方模式		1 鱼粉、豆粕模式	2 低或无鱼粉模式	3 鱼粉、棉粕、菜粕	4 鱼粉、棉粕、菜粕、小麦或玉米
原料	麸皮（1.40 元/千克）	70.00	60.00	35.00	
	次粉（1.55 元/千克）	180.00	155.00	140.00	
	细米糠（1.50 元/千克）	100.00	100.00	100.00	100.00
	豆粕（3.00 元/千克）	335.00	310.00	70.00	70.00
	菜粕（1.80 元/千克）	60.00	80.00	220.00	230.00
	棉粕（1.80 元/千克）	50.00		230.00	230.00
	花生粕（2.60 元/千克）		80.00		
	血粉（6.00 元/千克）		35.00		
	进口鱼粉（8.00 元/千克）	120.00		120.00	120.00
	肉骨粉（4.50 元/千克）		95.00		
	磷酸二氢钙（3.20 元/千克）	20.00	20.00	20.00	20.00
	沸石粉（0.30 元/千克）	15.00	15.00	15.00	15.00

（续）

配方模式		1 鱼粉、豆粕模式	2 低或无鱼粉模式	3 鱼粉、棉粕、菜粕	4 鱼粉、棉粕、菜粕、小麦或玉米
原料	膨润土（0.30 元/千克）	20.00	20.00	20.00	20.00
	豆油（7.50 元/千克）	20.00	20.00	20.00	20.00
	小麦（1.80 元/千克）				135.00
	米糠粕（1.20 元/千克）				30.00
	预混料（12.00 元/千克）	10.00	10.00	10.00	10.00
	合计	1 000.00	1 000.00	1 000.00	1 000.00
	成本（元）	3 034.50	2 738.25	2 740.50	2 771.50
营养指标	粗蛋白（%）	32	32	32	32
	钙（%）	1.60	2.19	1.66	1.66
	磷（%）	1.40	1.60	1.52	1.48
	赖氨酸（%）	0.77	1.59	1.57	1.53
	蛋氨酸（%）	0.55	0.42	0.55	0.54
	粗纤维（%）	4.65	4.76	6.52	6.20
	粗脂肪（%）	5.35	5.46	4.97	4.84
	赖氨酸/蛋氨酸	3.23	3.74	2.87	2.84

（1）营养指标。如果从配方的基本营养指标方面分析，配方模式 1 的赖氨酸含量达到 0.77%，是最高的，模式 1 和模式 2 的粗脂肪含量、赖氨酸/蛋氨酸均较高。在其他方面差异不大。

（2）配方成本。由于豆粕的市场价格高于棉粕、菜粕 1 000 元/吨以上，所以配方模式 1 的成本明显高于其他模式。这种模式只有在豆粕价格较低，尤其是与棉粕、菜粕价格差异不大的时候才具有比较优势。其他三个配方模式的差异不大。

（3）预期养殖效果。影响养殖鱼类生长速度和饲料效率的关键饲料主要有鱼粉、油脂、玉米或小麦、磷酸二氢钙（或有效磷）等的使用量，以及各类营养素的平衡效果、饲料原料的有效利用率。

按照上述分析，配方模式 1 应该可以取得良好的养殖鱼类生长速度，但是配方成本价格高于其他三种模式 300 元/吨左右，如果生长速度、饲料利用率的优势不能冲掉增加的饲料成本，则失去与其他三种饲料比价的优势，只有在豆粕价格低，豆粕与棉粕、菜粕的价格差异不大的时候才具有比较优势。

影响配方 2 的关键因素是使用血粉、肉骨粉等蛋白原代替了鱼粉的使用，其原料质量的安全性、原料蛋白质的消化利用率、氨基酸的平衡性成为影响饲料养殖效果的关键性因素。由于其配方成本与配方模式 3 和配方模式 4 没有差异，后两种模式有12％的鱼粉，模式 2 的养殖效果应该是最差的，没有比较优势。但是，如果鱼粉的价格过高时，使用部分鱼粉，部分肉骨粉则具有一定的实用价值。

配方模式 3 与配方模式 4 的差异在于是否是用小麦或玉米，由于鱼粉的使用量、磷酸二氢钙（或用有效磷）、油脂总量与配方模式 1 差异不大，最终的预期养殖效果在这三个模式中不会有太大差异，但饲料成本则是配方模式 3 与配方模式 4 更具有不同优势。相对而言，配方模式 4 其养殖效果、养殖消耗的饲料成本等综合起来看比较小，有可能是最佳的。

87. 什么是化学配方与效价配方？

化学配方是以饲料标准为目标，以饲料原料营养的化学测定结果为基本依据，采用不同的饲料配方计算方法而编制的饲料配方。这种配方计算的主要是营养素的化学测定结果，没有完全考虑饲料的实际利益效果。

效价配方是以饲料标准为目标，以饲料原料的实际养殖效价为基本依据，在已经编制的化学配方基础上，对饲料原料的组合进行适当修正，更接近于实际养殖效果的饲料配方。

如果直接以养殖原料的可消化、可利用的营养素价值为基础编制的饲料配方，其实就是效价配方。但是，一是不同水产养殖动物对不同饲料的实际可消化、可利用率的数据还没有研究结果，目前还只有化学分析结果；二是现有的饲料标准也是基于饲料营养素的化学测定结果制定的。

如何使设计质量更接近于实际养殖效果？重要的是依据饲料原料实际养殖效果对化学配方进行适当的修改，其中，将饲料原料模块处理就是做有效的技术方法之一。

88. 水产饲料配方模块化技术有哪些步骤？

饲料配方编制本来应该参照饲料标准和饲料的营养价值进行，但是，饲料标准也只有一个主要营养素的框架，饲料标准不等于饲料的内在质量水平。饲料内在质量主要还是依赖饲料原料的质量与配方的水平技术。

为此，可以首先进行水产饲料配方编制的模块化和饲料原料的模块化处理。饲料配方模式化处理的目的是对我国主要养殖的淡水鱼类饲料配方技术提供一个较为通用的参考模式，即设计不同质量水平（如蛋白质含量）、饲料配方成本梯度差异的系列配方，不同养殖种类、同种类不同生长阶段、不同地区饲料企业可以根据具体条件选择不同的营养水平、不同的配方成本的饲料配方模式。对于特殊需要的种类在通用模式下进行个别处理。因此，水产饲料配方的模式化主要强调水产饲料配方的通用性和共性，这在拥有100多种水产养殖种类的现实下，进行水产饲料的生产是非常必要的，可以有效控制水产饲料品种数量，有效控制饲料加工成本，将有限的饲料成本应用于饲料质量的保障。

饲料原料的模块处理，首先是将饲料原料进行模块分类，其次是将不同模块按照一定的比例配制成饲料，第三是在同一模块内的饲料原料可以按照一定的比例进行相互替换。即：①饲料原料模块主要设计为动物蛋白质原料、植物蛋白质原料、淀粉类原料、脂肪类原料、矿物质原料等模块；②在饲料配方中必须包含这几大模块，每种模块中有几种主要的饲料原料及其使用量；③同一模块内的饲料原料进行一定比例的替换，如动物蛋白质模块中，鱼粉可以被肉粉或肉骨粉等按照一定的条件进行替换；在植物蛋白质模块中，菜粕与棉粕按照一定的比例配合使用，且两者配合使用后可以替换部分豆粕。

饲料原料模块处理的意义在于饲料配方编制更加注重饲料原料的组合，而不是单纯关注营养指标类型和指标是否满足营养需求。以草鱼饲料为例，食用鱼阶段的饲料标准是蛋白质 25％、赖氨酸 1.25％，在实际配方编制时由于饲料成本的限制，25％蛋白质水平的饲料中赖氨酸可能难以达到 1.25％，配方师可能就会补充部分单体赖氨酸。而鱼类对于没有包被处理的单体赖氨酸利用效率很低，即使配方的营养指标已经达到标准，而实际效果并不理想。如果采用饲料原料模块化处理，在饲料配方中几大模块都能够得到保障，尤其是动物蛋白质原料模块得到保障，且各模块之间的比例协调，此时可能生产的饲料蛋白质水平、赖氨酸水平都没有达到饲料标准的要求，但实际养殖效果却很好，其饲料产品反而具有很好的市场竞争能力。

饲料原料模块化处理只是一种饲料原料优化组合的处理方式，其基本着眼点在于更加关注优质饲料原料的组合效果，将饲料质量建立在优质饲料原料的组合上，而不是单纯关注饲料中营养指标是否达到饲料标准的要求。这为以后按照饲料标准中设置营养标准"上限"以下，各饲料企业可以根据不同地区市场的需要设置自己的饲料标准，不同饲料产品的设计更加重视饲料产品的内在质量，提高饲料产品适应市场的能力；其饲料产品对养殖环境的压力也会减小。目前的营养指标"下限"设置的弊端就在于，对饲料产品质量控制是以营养指标来进行的，为了达到指标值，饲料企业可以使用低质原料，甚至加入非蛋白氮，其结果是营养指标达到了，而饲料内在质量较差，饲料产品的市场竞争能力弱，甚至出现水产品质量安全事故。

89. 主要养殖鱼类膨化饲料设计的依据和原则是什么？

　　首先是地理区域差异问题。如何划分我国不同养殖区域？水产养殖的地理区域差异内容很多，如水温、养殖种类、养殖方式、生长期、水质条件等，但其中最为关键的还是水温的差异。水温的差异可以是在不同地区，表现为满足养殖鱼类生长需要的养殖天数和季节变化两个方面。如果以水温高于 10 ℃作为养殖鱼类的有效生长期（有效生长天数），则我国东北和新疆、宁夏等地区的有效生长天数大致在 100～150 天，华中、西部、华东等地区 150～250 天，华南地区海南、广东、广西等 250～365 天。关于季节变化，依然以水温作为依据，可以划分为 10～18 ℃、18～28 ℃和高于 28 ℃，以此为依据比以月份作为依据更为合适。

　　其次是要考虑饲料营养水平的动态变化。这也主要是以温度和有效生长期为依据进行差异化设置的。水温低，相应的蛋白质水平、蛋白质内在质量、油脂水平等设置就较高，当温度升高后，就相应地降低营养指标。至于养殖密度与饲料营养水平的差异化问题，由于不同地区的养殖密度差异缺少规律性，难以统计和分类设置，建议在实际工作中，当密度较高时适当选择较高营养水平的饲料配方。同时，由于各地鱼种放养模式差异较大，也以某种鱼类精养模式来设计饲料营养水平和饲料配方。对于混养模式，可以参照单一种类精养模式进行选择。

　　第三，饲料配方设计的原料选择是按照饲料模块化进行选择和设计的，原料的替代、组合也是以模块内原料之间相互组合、替代来进行操作。

　　第四，不同种类营养水平和饲料配方设计的基本依据是以饲料系数为准进行界定的。如鲤鱼、草鱼、武昌鱼以饲料系数平均1.8，鲫鱼、黄颡鱼、乌鳢等以饲料系数不超过 1.4，草鱼、武昌鱼、鲤鱼等膨化饲料以饲料系数不超过 1.6 为依据设计。

90. 膨化草鱼饲料配制需注意哪些方面？

草鱼是我国主要淡水养殖鱼类之一，就单个种类养殖产量而言，草鱼的养殖产量位居首位，达到 20％以上（鲢鱼、鳙鱼总量占 30％以上）。草鱼饲料需要考虑的因素包括：①地理区域水域环境的差异，从我国的东北到海南，养殖的适宜生长天数为100～365 天，水温成为主要限制因素，而饲料营养水平的设置与养殖水温具一定的负相关关系；②养殖密度差异在不同地区差异很大，相应的饲料营养水平与养殖密度具有较强的正相关关系；③草鱼为草食性鱼类，在饲料中需要一定量的纤维素以适应肠道生理的需要（不一定是营养的需要），尤其是在越冬前期需要适当增加饲料中纤维素含量；④草鱼的养殖规格与营养需要量水平具有一定负相关关系，过量的营养水平对草鱼生长是不利的，尤其是在大规格草鱼（上市规格达到 4 千克/尾以上）的养殖实践中发现，过高营养水平的饲料反而不利于草鱼的体重生长；⑤草鱼养殖中一个重要难点就是病害发生概率较高，除了通过注射疫苗、调控水质之外，在饲料中应该注意保护肠道和肝胰脏健康，在饲料中也不宜设置过量的脂肪（经验数据是控制饲料总脂肪在 7％以下）；⑥在一些硬颗粒饲料营养水平和饲料价格较低的地区，如广东、海南、广西和浙江地区，提高饲料营养水平，并采用膨化饲料，可取得很好的养殖效果；⑦脆肉鲩是草鱼养殖的一种特殊营养方式，一般以 2 千克/尾的草鱼作为鱼种，使用蚕豆养殖 2～3 个月，可使草鱼肌肉脆化。

我国东北、华东与华中地区在草鱼饲料配方中，动物蛋白质原料模块除了鱼粉外，肉粉较为容易获得，可以选择肉粉作为鱼粉的组合物或部分替代原料。广东地区获得肉粉的难度较大，但进口的肉骨粉容易获得，可以选择肉骨粉。

在植物蛋白质原料模块里，同样考虑了不同地区的资源情况，例如在南方，尤其是广东地区有较多的花生粕资源，可以用花生粕代替豆粕使用；而华东、华中地区有较多的菜籽饼，尤其是低温挤压的菜籽饼，可以与菜籽粕混合使用；在华南地区，因为进口的加拿大菜籽粕质量较好，而低温菜籽饼较难获得，所以主要使用菜籽粕和棉籽粕为植物蛋白质原料。关于葵仁粕，粗蛋白可以达到46%，经过养殖试验和生产性试验证明，在鱼类饲料中可以等量替代豆粕使用，且诱食效果和养殖鱼类的生长效果均优于豆粕。因此，凡是可以采购到葵仁粕的均可以替代豆粕的使用量。

关于淀粉类原料模块，在东北地区有很好的玉米可用于替代小麦，而其他地区则依然使用小麦。

对于油脂类原料模块，由于我国北方地区尤其是东北和西北地区有较长的冬季，且结冰期较长，不能使用猪油等凝固点较高的油脂，只能使用豆油。华南、华东和华中地区则可以选择猪油、鸡油等动物油脂。鱼油容易氧化，其养殖效果不如猪油、豆油等，所以一般不选择鱼油作为油脂原料。在东北地区有大豆资源，可以使用部分膨化大豆；而华中、华东和西部地区则可以选择使用油菜籽作为油脂原料之一，但油菜籽的使用量要控制在3%以下才是安全的，不要超过这个量（表4-8）。

表4-8　膨化饲料参考配方

原料（克/千克）	单价（元/千克）	草鱼		武昌鱼		鲫鱼		混养鱼		鲴鱼	
		1	2	1	2	1	2	1	2	1	2
		粗蛋白含量（%）									
		28	26	30	28	32	30	30	28	32	31
次粉	2.0		80		60		60		70		20
细米糠	2.25	120	120	90	100	110	100	90	95	100	100
菜籽	4.90			30			30		30		
豆粕	3.40	110	80	110	110	110	100	100	100	190	180
菜粕	2.30	280	240	185	150	160	135	185	150	125	125

（续）

原料 （克/千克）	单价 （元/千克）	草鱼		武昌鱼		鲫鱼		混养鱼		鲤鱼	
		1	2	1	2	1	2	1	2	1	2
		粗蛋白含量（%）									
		28	26	30	28	32	30	30	28	32	31
菜饼	2.15			100	100	100	100	100	100	100	100
棉粕	2.35	90	90	130	105	80	70	110	85	50	50
膨化大豆	5.50									50	50
进口鱼粉	9.00	30	25	35	25	80	70	45	55	70	60
肉骨粉	5.00	40	40								
肉粉	6.00			40	40	70	70	50	50	30	30
磷酸二氢钙	3.40	20	20	20	20	20	20	20	20	20	20
沸石粉	0.30	20	20	20				20	20		
血粉	7.00									15	15
豆油	9.00									25	20
小麦	2.15	200	200	210	210	210	200	210	210	215	220
玉米 DDGS	2.00	60	60								
预混料	13.00	10	10	10	10	10	10	10	10		10
猪油	7.00	20	15	20	20	30	25	30	25		
合计		1 000	1 000	1 000	1 000	1 000	1 000	1 000	1 000	1 000	1 000
成本		2 864	2 750	3 040	2 953	3 524	3 367	3 179	3 066	3 561	3 443
粗蛋白		28.81	26.84	30.38	28.33	32.12	30.27	30.39	28.41	32.34	31.61
总钙		1.97	1.93	1.87	1.81	1.43	2.16	1.97	1.91	1.10	1.06
总磷		1.46	1.42	1.39	1.35	1.57	1.52	1.43	1.39	1.38	1.36
赖氨酸		1.25	1.12	1.43	1.32	1.61	1.50	1.44	1.34	1.71	1.65
蛋氨酸		0.47	0.44	0.49	0.46	0.55	0.51	0.50	0.46	0.53	0.51
粗灰分		10.73	10.31	10.07	9.67	8.90	10.42	10.23	9.81	8.19	8.02
粗纤维		6.79	6.38	6.48	6.04	5.79	5.43	6.23	5.79	5.52	5.52
粗脂肪		6.08	5.61	6.67	6.32	8.43	7.78	7.80	7.40	7.22	6.70

91. 膨化武昌鱼、鳊鱼类饲料配制需注意哪些方面？

鳊鱼、武昌鱼也是我国主要淡水养殖鱼类，其中以武昌鱼养殖量较大，但各地区市场价格差异较大。华东和华中地区，武昌鱼池塘出塘价格一般在 10 元/千克左右，而在东北、西北、华北、西南等地区，养殖量较小，其池塘出塘价格在 12～20 元/千克。鳊鱼、武昌鱼为草食性鱼类，偏向于杂食性，其饲料营养水平的设置，依据地区差异，其饲料蛋白质水平 28％～30％即可，不宜设置过高。饲料油脂水平则以不超过 7.5％为宜，以预防脂肪肝形成。

鳊鱼、武昌鱼养殖重点要考虑鱼体体色变化和黏液量，以保障其抗应激、耐运输的要求。鳊鱼、武昌鱼为典型的侧扁体形淡水鱼类，即体高较高，鱼体两侧厚度较小。侧扁体形鱼类在抗应激、耐运输方面的能力相对较差，体现在体色容易变化，体表黏液量容易变化，鱼体鳞片容易松动、脱落，肝胰脏容易积累脂肪发展为脂肪肝等。因此，饲料营养水平设置不宜过高，尤其是脂肪水平要进行控制，在上市之前饲料脂肪水平以不超过 6％。饲料原料上以消化利用率高的原料为主，油脂原料要特别注意氧化酸败，不宜使用容易氧化的油脂和高油脂的饲料原料，例如米糠油、磷脂油、玉米油、鱼油等尽量避免在饲料中使用，玉米 DDGS、蚕蛹等也要尽量避免使用。同时，应该适当增加饲料中维生素使用量，一般可以按照在草鱼、鲤鱼饲料维生素预混料的基础上增加 30％左右较为适宜，尤其是在 7 月、8 月高温期要出塘的鳊鱼、武昌鱼，其饲料中维生素含量要适当增加，以提高抗应激能力和免疫防御能力。在饲料添加剂选择方面，可以使用提高脂肪转化（如肉碱、鱼虾 4 号等）、保护肝胰脏的饲料添加剂（表 4-8）。

92. 膨化鲤鱼饲料配制需注意哪些方面？

鲫鱼饲料是常规淡水鱼类饲料中营养水平设置最高的。鲫鱼在自然水域环境中，经历两个年度（二冬龄）、17 个月左右生长，个体重量可达到 200 克/尾；而养殖生产中则需要达到 400 克/尾以上，其生长速度和个体重量为自然水域条件下的 2 倍多，这就需要更多的营养物质。鲫鱼池塘精养是指每亩鱼种的放养量在 1 800 尾以上，上市规格 450 克/尾以上。

为了使养殖鲫鱼经过 17 个月左右的养殖周期达到 450 克/上市规格，其饲料中的蛋白质质量和油脂质量均较其他常规淡水鱼类高。依据实际养殖效果．在我国华东地区、北方地区和东北地区的鲫鱼饲料中，需要有 12% 以上的动物蛋白质原料，包括鱼粉、肉粉和血细胞蛋白粉等。鲫鱼对血细胞蛋白粉具有较好的利用效果，加之鲫鱼饲料蛋白质水平达到 30% 以上，所以在鲫鱼饲料中可以使用 3% 以下的血细胞蛋白粉。对于饲料油脂水平，一般要保持 7% 以上。

鲫鱼饲料配方中饲料原料的选择，动物蛋白质原料模块依然是鱼粉和肉粉作为主要原料，为了保障养殖饲料系数在 1.4 左右，动物蛋白质原料模块的用量需要在 12% 以上。鲫鱼饲料营养水平设置与鱼种放养密度有很大的关系，尤其是与动物蛋白质原料和油脂水平的设置关系紧密。依据我国华东和东北地区、华北地区鲫鱼养殖实际情况，当鲫鱼鱼种放养密度达到 1 800 尾/亩以上时，饲料中动物蛋白质原料比例可以达到 13%～15%、油脂水平达到 8% 左右；当鲫鱼鱼种放养密度在 1 200～1 800 尾/亩时，饲料动物蛋白质原料比例可以在 12%～13%、油脂水平 7% 左右；当鲫鱼鱼种放养密度为 800～1 200 尾/亩时，饲料中动物蛋白原料比例可设置为 8%～10%、油脂水平 6%～7%；当鲫鱼鱼种放养密度在 500 尾/亩或以下时，即混养鲫鱼的养殖下，饲料中动物蛋白质原料比例设置为 5% 左右、油脂水平 6% 左右即可（表 4-8）。

93. 鲫鱼、鲤鱼、草鱼混养饲料配制需注意哪些方面？

在我国多数地区，有将鲫鱼与鲤鱼混养，鲤鱼与草鱼混养的养殖模式，并套养部分鲢鱼、鳙鱼。表4-8设置的混养鱼料营养水平较高，主要是考虑到鲫鱼、鲤鱼等的营养需求量相对较高，对其中的水平可能有营养过剩的情况，在实际生产中可以通过调整饲料投喂量进行调控。

多种鱼类尤其是多种摄食性鱼类混养的优势首先在于可以充分、立体利用池塘的水体空间，如上层、中层和底层鱼类分别适应不同的水层，增加单位水体的养殖容量。其次是利用水产动物的摄食原理，在生态位的互补性、对抗病原微生物的感染、食物的循环利用等方面形成协同和互补作用。例如，将摄食能力弱或弱食较差的鱼类与摄食能力强、摄食驯化很好的鱼类混养，可以促进这些鱼类的摄食量；草鱼单独养殖病害较难以控制，而与鲤鱼、武昌鱼、鲫鱼等混养后，可以有效防御疾病的发生。第三，在混养条件下，一次可以产出多种鱼类，这对于养殖水产品市场价格适应、提高养殖的经济效益方面，也显示出很好的优势，不同市场价格鱼类同时产出，可以保障养殖效益的获得。

然而，多种摄食性鱼类混养给营养学和饲料技术带来较大的困难。比如将草鱼、鲫鱼、鲤鱼等混养，饲料营养水平的设置是按照哪种鱼类的营养需要进行设计？理论上是按照主要鱼类，主要养殖目标进行设置。而实际上，对于养殖户而言，是希望一个池塘中所有的养殖鱼类都能够获得足够的营养、获得足够的生长效果。因此，提出饲料技术对策方法建议为：首先考虑以不同鱼类的营养共性为基础，采用模式化饲料配方，以生产通用型配合饲料技术为对策，即在实际生产中混养型饲料按照营养水平和饲料价格，可以设置为混养饲料1号、2号等层次，分别适应不同的混养模式；其次，在饲料投喂技术上采用不同饲料组合的技术方案，在实际养殖生产中称为"饲料套餐"。

饲料套餐的主要技术方案包括以下几个方面：

（1）不同饲料的组合套餐。即将不同营养水平的饲料进行组合使用。例如，鲫鱼、鲤鱼、草鱼混合养殖，鲫鱼和鲤鱼的营养需求显著高于草鱼，使用适合鲫鱼和鲤鱼的饲料，草鱼可能存在饲料营养过剩的情况，可以将合适鲫鱼和鲤鱼的混养饲料与合适草鱼的饲料组合使用，通过饲料颗粒规格的差异、饲料投喂时间的差异、饲料投喂地点的差异等，在同一个池塘使用两种不同营养水平的饲料，分别适应不同养殖鱼类的营养需要，实现所有养殖鱼类获得足够的营养，获得足够生长性能的目标。再如鱼虾混养，这是两种完全不同的水产动物混合养殖，可以采用鱼饲料和虾饲料组合使用的套餐方案。广东用网目直径达 5 厘米的渔网将池塘水体分为 60% 和 40% 两个区域，将鱼类放养在 60% 的水域区域里，由于个体较大而不能通过渔网进入 40% 的水域区域里；将虾放养于 40% 的水域里，但虾可以通过渔网而在整个池塘水体活动。在饲料投喂的时候，在 60% 的水域里投喂的是鱼类饲料，满足养殖鱼类的生长需要；而在 40% 的水域里只投放虾饲料，只有虾可以摄食。这样就实现了鱼虾混养而摄食不同的饲料。

（2）通过饲料颗粒规格进行组合的套餐方案。在一个池塘中混养不同种类、不同个体规格的鱼类，为的是所有的养殖鱼类都可以有效摄食。可以不同饲料种类采用不同饲料规格，也可以对同种鱼类的不同生长阶段的饲料规格进行组合。例如，鲫鱼、鲤鱼、草鱼混养，草鱼个体规格大，使用草鱼饲料，则可以草鱼饲料颗粒规格设置在颗粒直径 4.0 毫米以上，鲫鱼和鲤鱼小吃不到，而将合适鲫鱼和鲤鱼的饲料颗粒直径设置在 2.0 毫米，保障他们摄食。再如，在一个池塘中有 50 克/尾、500 克/尾和 1 000/克尾三种规格的草鱼混养，三个阶段的营养需要是有差异的，可以将大规格草鱼的饲料颗粒直径设置最大，如 5.0～6.0 毫米直径，而将中等规格草鱼饲料颗粒直径设置为小规格，如 1.0～2.0 毫米直径。

（3）饲料投喂时间的组合套餐。即将不同鱼类或不同规格的鱼种按先后顺序进行饲料投喂。以鲫鱼、鲤鱼、草鱼混养为例，草鱼规格大，可以先投喂草鱼饲料，让其摄食之后，再投喂鲫鱼和鲤鱼混合饲料。

（4）不同饲料投喂地点的组合套餐。从一开始就是将不同饲料、不同规格的饲料分别使用两个饲料投喂机在两个不同地点进行投喂，经过一段时期后，养殖鱼类通过地点、饲料进入水体中的声音、饲料的风味等进行选择，适应在不同地点摄食不同的饲料。

94. 斑点叉尾鮰膨化饲料配制需注意哪些方面？

鮰鱼为国外引进的养殖种类，其食性虽然为杂食性，但是从消化道结构和一定消化生理指标分析，依然显示出肉食性鱼类的特征。因此，其饲料营养水平的设置和饲料配方的编制可以偏向于肉食性鱼类。在鮰鱼养殖实际生产中出现的与饲料有关的重要问题是鱼体体色和肉色变化问题。鮰鱼的体色变化主要是鱼体整体生理健康，尤其是肠道和肝胰脏健康受到损伤后的外在表现形式，而肉色的变化主要是由于脂肪在肌肉沉积量增大，饲料色素随着脂肪一起沉积所产生的表达形式。因此，鮰鱼类饲料配方编制要特别注意饲料的质量安全，在主要动物蛋白质原料、油脂原料选择时加以注意。

鮰鱼饲料参考配方见表4-8。在动物蛋白质原料模块中，依然是以鱼粉和肉粉为主，考虑到肉粉中脂肪酸对肉品风味的影响，尽量减少肉粉在饲料中的比例。鮰鱼类对血细胞蛋白粉具有良好的利用效果和适应性，可以选择性地使用2%左右的血细胞蛋白粉，血细胞蛋白粉的使用对鱼体颜色也有一定的好处，可以使鱼体背部颜色更深。植物蛋白质原料模块中，相对于其他淡水鱼类，适当增加了豆粕的使用量，菜粕、棉粕的量相对低一些。油脂类原料模块则选择豆油作为原料，而不选择猪油等动物油脂。鱼油因为氧化酸败坏鱼体生理健康而不被选用。饲料油脂水平的设置较草鱼和鳊鱼高，一是鲴鱼类对脂肪需求量相对较高，二是其肌肉中脂肪含量也相对较高（表 4-8）。

95. 黄颡鱼、黄鳝膨化饲料配制需注意哪些方面？

黄颡鱼和黄鳝为肉食性，其营养水平的设置和饲料配方的编制依据肉食性鱼类进行。但在体色方面具有特殊要求，鱼体体表需要沉积较多的叶黄素、类胡萝卜素等黄色色素。

由于鱼体自身不能合成叶黄素、类胡萝卜素等色素，需要通过饲料提供。含有叶黄素、类胡萝卜素的原料主要有玉米、棉粕等，由于其色素量不足，还需使用色素添加剂。饲料原料中色素需通过油脂、磷脂溶解，再经历鱼类消化道吸收，在鱼体内运输，并在鱼体内沉积等复杂过程。由于玉米蛋白粉的质量因不同生产厂家、不同生产方式有不同，在饲料中使用量不宜过大，一般在饲料中保持 6% 的玉米蛋白粉（蛋白质含量 60%）即可。黄颡鱼等黄色体色鱼类，饲料中保持 30~40 毫克/千克的叶黄素量就可保持正常体色，如果添加 3 千克/吨的叶黄素，饲料中就有 60 毫克/千克的叶黄素含量，加上玉米蛋白粉的叶黄素可以达到 80 毫克/千克以上。在膨化饲料生产中，色素损失较大，如果损失率达到 50% 左右，也也还有 40 毫克/千克左右的叶黄素含量，基本可以满足黄颡鱼等需求。

在饲料原料模块中（表 4-9），动物蛋白质原料模块使用了鱼粉、肉粉和血细胞蛋白粉三种原料，因为饲料蛋白质水平较高，直接使用了部分血细胞蛋白粉。由于油脂氧化问题，肉粉的使用量相对较低。为了使膨化饲料添加油脂的量在 3.3% 以下，必须使用部分高含油量的饲料原料，如大豆或膨化大豆，作为主要的高含油量油脂原料。直接使用大豆可以在原料质量控制、饲料配方成本控制等方面有优势，同时油脂的新鲜度也大大提高。

表 4-9　黄颡鱼和黄鳝等肉食性鱼类饲料参考配方

原料 （克/千克）	单价 （元/千克）	有效生长天数								
		100～150			150～250			250～365		
		水温（℃）								
		<18	≥18, <28	≥28	<18	≥18, <28	≥28	<18	≥18, <28	≥28
		粗蛋白含量（%）								
		42	41	40	41	40	40	41	40	40
面粉	2.40	222	225	225	220	220	220	220	220	225
细米糠	2.25		32	52	37	62	77	37	67	67
膨化大豆	5.00	80	70	70	60	60	60	60	60	60
豆粕	3.40	150	150	150	150	150	150	160	150	160
玉米蛋白粉	5.00	60	60	60	60	60	60	60	60	60
血粉	7.00	20	20	15	20	15	15	20	20	20
肉粉	6.00	30	20	20	25	25	25	30	25	25
磷酸二氢钙	3.40	20	20	20	20	20	20	20	20	20
沸石粉	0.30	20	20	20	20	20	20	20	20	20
豆油	9.00	35	30	20	35	20	20	30	20	20
叶黄素	80.00	3	3	3	3	3	3	3	3	3
预混料	18.00	10	10	10	10	10	10	10	10	10
合计		1 000	1 000	1 000	1 000	1 000	1 000	1 000	1 000	1 000
成本		6 022	5 856	5 731	5 880	5 722	5 620	5 809	5 678	5 589
粗蛋白		42.72	41.51	40.71	41.45	40.71	40.26	41.55	40.54	40.39
总钙		2.70	2.68	2.64	2.71	2.68	2.64	2.72	2.64	2.61
总磷		1.80	1.77	1.77	1.79	1.80	1.79	1.79	1.78	1.76
赖氨酸		2.70	2.62	2.55	2.61	2.55	2.51	2.60	2.54	2.52
蛋氨酸		0.87	0.84	0.83	0.84	0.83	0.82	0.84	0.82	0.81
粗灰分		11.63	11.48	11.46	11.56	11.58	11.55	11.57	11.49	11.40
粗纤维		2.22	2.34	2.45	2.32	2.46	2.54	2.38	2.48	2.55
粗脂肪		8.41	8.04	7.79	8.49	7.81	7.48	8.01	7.83	7.30

在饲料添加剂使用方面，由于油脂水平较高，而养殖的黄颡鱼等对氧化油脂的敏感性较强，所以在饲料中建议使用鱼虾 4号、肉碱、胆汁酸等产品，促进饲料脂肪作为能量物质的利用效率，同时保护肝胰脏、预防脂肪肝的形成。黄颡鱼和黄鳝饲料目前基本为挤压膨化饲料，所以饲料中需要有 20% 以上比例的小麦或面粉。如果生产硬颗粒饲料，则可以将小麦用量减少到 16% 左右，其余部分使用次粉或脱脂米糠使配方达到 100%。

96. 乌醴、鲈鱼等膨化饲料配制需注意哪些方面？

乌醴和鲈鱼这类淡水肉食性鱼类与黄颡鱼和黄鳝的区别在于饲料中色素不再是必需补充的物质，主要考虑养殖鱼类的生长、生理健康、肉品风味即可。在营养需求方面，主要还是对动物蛋白质为主的高蛋白、高脂肪的营养需求，所以饲料形态也以挤压膨化饲料为主（表 4 - 10）。

表 4 - 10　乌醴、鲈鱼等淡水肉食性鱼类饲料参考配方

原料（克/千克）	单价（元/千克）	有效生长天数								
		100～150			150～250			250～365		
		水温（℃）								
		<18	≥18,<28	≥28	<18	≥18,<28	≥28	<18	≥18,<28	≥28
		粗蛋白含量（%）								
		42	41	41	41	40	40	41	40	40
面粉	2.40	225	220	220	230	220	220	220	220	225
细米糠	2.25		40	40		30	35	20	40	35
膨化大豆	5.00	70	70	70	70	70	70	70	70	70
豆粕	3.40	190	180	200	215	210	220	220	220	240
血粉	7.00	30	25	20	20	20	20	25	20	20
鱼粉	9.00	350	340	330	340	330	320	320	310	300

（续）

原料 （克/千克）	单价 （元/千克）	有效生长天数								
		100～150			150～250			250～365		
		水温（℃）								
		<18	≥18，<28	≥28	<18	≥18，<28	≥28	<18	≥18，<28	≥28
		粗蛋白含量（%）								
		42	41	41	41	40	40	41	40	40
肉粉	6.00	50	45	45	40	40	40	40	40	35
磷酸二氢钙	3.40	20	20	20	20	20	20	20	20	20
沸石粉	0.30	20	20	20	20	20	20	20	20	20
豆油	9.00	35	30	25	35	30	25	35	30	25
预混料	18.00	10	10	10	10	10	10	10	10	10
合计		1 000	1 000	1 000	1 000	1 000	1 000	1 000	1 000	1 000
成本		5 765	5 609	5 507	5 642	5 534	5 444	5 535	5 410	5 314
粗蛋白		42.63	41.26	41.06	41.66	41.04	40.88	41.10	40.30	40.19
总钙		2.95	2.88	2.84	2.85	2.81	2.77	2.77	2.74	2.67
总磷		1.87	1.87	1.85	1.82	1.83	1.81	1.79	1.79	1.75
赖氨酸		2.85	2.76	2.73	2.78	2.72	2.71	2.74	2.67	2.66
蛋氨酸		0.84	0.82	0.81	0.82	0.81	0.80	0.80	0.78	0.78
粗灰分		12.14	12.11	12.06	11.91	11.94	11.89	11.80	11.78	11.62
粗纤维		2.32	2.46	2.57	2.46	2.57	2.65	2.57	2.68	2.77
粗脂肪		8.24	8.19	7.67	8.11	7.97	7.51	8.28	8.02	7.38

97. 海水鱼膨化饲料的配制需要注意什么？

我国海水主要养殖种类有鲆（大菱鲆、牙鲆）、鲽、鲈、鲷、鲀、美国红鱼、大黄鱼、石斑鱼、军曹鱼、鱼师等，其中北方沿海以养鲆、鲽、鲈、鲷、鲀等为主，南方沿海以养大黄鱼、美国红鱼、石斑鱼、军曹鱼和鱼师等为主。

目前开发的海水养殖鱼类主要还是肉食性鱼类，同时，在使用冰鲜鱼养殖的基础上，要使用配合饲料进行养殖，一般与冰鲜鱼的养殖效果作比较，所以海水鱼类的饲料是鱼类饲料中营养水平最高的，饲料价格也是最高的。因此，海水鱼类饲料也以鱼粉为主，饲料蛋白质水平在 38%～45%，达到了水产饲料蛋白质水平的最高点；饲料油脂水平也很高，达 7%～12%，几乎与冷水鱼类油脂水平相近。饲料原料组成也相对简单，主要为鱼粉、豆粕、花生粕、面粉、油脂等。使用冰鲜鱼养殖海水鱼类的料比达到 6:1，使用饲料养殖的料比一般为 1.5:1，使用饲料养殖具有明显的优势。

我国目前养殖的海水鱼类鲈鱼、卵形鲳鲹、青石斑鱼，其饲料技术相对较为成熟，养殖规模也较大，所以饲料的营养水平也相对于海水网箱养殖低，其饲料蛋白质水平可以在 38%～42%，而海水网箱养殖鱼类的饲料蛋白质水平则达到 40%～45%。不同海水养殖鱼类饲料中饲料原料的种类差异不大，因为过高的蛋白质水平和油脂水平，以及作为膨化饲料的生产方式决定了饲料的配方空间极为有限，只能使用较大量的面粉、鱼粉、油脂等原料。鉴于此，海水鱼类饲料配方设计主要依据饲料蛋白质水平做模式化设计，不同养殖鱼类选择相应蛋白质水平的饲料即可。

海水鱼类饲料形态均为挤压膨化饲料，由于油脂含量达到 8%～9%，面粉的用量达到 23%，同时使用少量血细胞蛋白粉，既有黏接作用，也提高饲料蛋白质水平，还有一定的诱食作用。由于饲料蛋白质水平很高，如果消化不良会导致肠道氨基酸含量过高，所以饲料中使用 1%～2%的沸石粉。

在动物蛋白质原料模块中，主要以鱼粉为主，适当使用血细胞蛋白粉和肉粉。依据饲料蛋白质水平和饲料配方成本，在 42%蛋白质水平下，分别设置了相同蛋白质水平而不同配方成本的两个模块化配方。在植物蛋白质原料模块中，设置了8％的膨化大豆（由于是膨化饲料，也可以直接使用大豆），主要提供油脂和大豆蛋白质，同时也作为磷脂的主要来源（不再使用磷脂油，因为磷脂油会有不同程度的氧化和酸败）。另外，使用了豆粕和菜粕作为植物蛋白质原料。豆粕用花生粕、葵花粕等替代，主要是依据实际生产中饲料蛋白质水平和饲料配方成本进行植物蛋白质原料的组合和替代性选择。对于金鲳等需要体色带有黄色的海水鱼类，则适当选择60％蛋白质含量的玉米蛋白粉提供一定量的叶黄素，或在饲料中添加一定量的叶黄素添加剂。磷酸二氢钙的使用量调整到1.5％，主要是考虑鱼粉的用量已经很高，饲料总磷较高。考虑到鱼油的氧化酸败问题，建议使用豆油：鱼油＝2：1的比例，既保障有高不饱和脂肪酸和鱼腥味，同时也尽量避免高不饱和脂肪酸氧化产物产生的副作用。在预混料中，设计了1.5％的添加量，主要是考虑除了补充维生素和微量元素外，需要使用促进脂肪能量代谢、保护肠道和肝胰脏的饲料添加剂。

在表4-11的参考配方中，没有使用鱿鱼膏等传统的诱食性原料。主要是考虑鱿鱼膏质量稳定性和其中重金属含量，避免饲料中重金属含量超标而导致饲料产品不合格。至于胆固醇的补充，则依赖鱼粉中的含量，或在预混料中适当补充。

表4-11　海水鱼类饲料参考配方

原料 （克/千克）	单价 （元/千克）	粗蛋白含量（％）								
		45	44	43	42	42	41	41	40	40
面粉	2.40	230	230	230	230	230	230	230	230	230
膨化大豆	5.00	80	80	80	80	80	80	80	80	80
豆粕	3.40	50	90	110	80	75	90	90	90	95
菜粕	2.30			20	65	30	90	100	120	125
血粉	7.00	10	10	10	15	25	20	25	20	20
鱼粉	9.00	550	510	470	440	430	400	385	370	340

（续）

原料（克/千克）	单价（元/千克）	粗蛋白含量（%）								
		45	44	43	42	42	41	41	40	40
肉粉	6.00									20
磷酸二氢钙	3.40	15	15	15	15	15	15	15	15	15
沸石粉	0.30	10	10	10	20	20	20	20	20	20
豆油	9.00	40	40	40	40	40	40	40	40	40
预混料	18.00	15	15	15	15	15	15	15	15	15
合计		1 000	1 000	1 000	1 000	1 000	1 000	1 000	1 000	1 000
成本		6 826	6 602	6 356	6 126	6 100	5 892	5 815	5 691	5 590
粗蛋白		45.17	44.29	43.29	42.13	42.27	41.29	41.10	40.45	40.20
总钙		2.81	2.67	2.53	2.84	2.80	2.71	2.66	2.61	2.66
总磷		2.05	1.96	1.88	1.82	1.80	1.75	1.72	1.69	1.69
赖氨酸		3.19	3.10	3.00	2.88	2.89	2.79	2.76	2.69	2.63
蛋氨酸		1.04	0.99	0.95	0.92	0.91	0.88	0.86	0.85	0.82
粗灰分		11.79	11.43	11.09	11.80	11.69	11.46	11.32	11.22	11.24
粗纤维		1.58	1.80	2.12	2.45	2.47	2.77	2.88	3.10	3.20
粗脂肪		9.24	9.08	8.90	8.73	8.67	8.55	8.47	8.41	8.49

98. 水产膨化饲料市场销售情况怎样？

我国近几年水产饲料 2009 年 1 426 万吨，2010 年 1 474 万吨，2011 年 1 540 万吨，年递增率 3% 左右，但 2011 年华南（主要集中在广东）新增约 50 条膨化料线，且多数为 10 吨/小时的生产线。广东和广西膨化料销量大概是 140 万吨，新增的生产线可提供 70 万～80 万吨的膨化料，按照上述数据，2012 年仅仅"两广"地区的水产膨化饲料产能将达到 210 万～220 万吨。如果再加上其他地区的水产膨化饲料 100 万吨左右，那就是 310 万～

320 万吨的产能。依据 2011 年水产饲料总量 1 540 万吨计算，膨化饲料所占比例将达到 20%左右。

以下就广东省内主要的膨化料养殖品种为例，简要介绍广东水产膨化饲料的市场现状。

（1）草鱼料。在使用效果方面，有养殖户认为膨化草鱼饲料养殖的草鱼生长速度不错，池塘水质要比使用沉水颗粒饲料的池塘清爽。这无疑对促进鱼类的摄食和生长具有明显作用。但由于膨化饲料不易溃散，造成水质不肥，池塘中混养的其他以摄食浮游生物为主的鱼类生长缓慢，因此部分养殖户更愿意使用膨化饲料和沉水饲料搭配投喂。

使用膨化饲料的草鱼在饲料系数方面明显小于摄食颗粒饲料的草鱼。但是由于膨化饲料成本高，在行情低迷的时候会影响养殖户的选择。2007 年全年草鱼价格持续疯涨，草鱼膨化饲料的使用更为广泛。

（2）罗非鱼料。2002 年总产量达 30 万吨，茂名、湛江、广州等市产量分别达 8 万吨、4 万吨、5 万吨，已初步形成规模化、专业化的养殖生产基地，尤其是粤西地区，通过优化养殖方式，改良品种，形成年产两批大规格（0.75 千克/尾以上）商品鱼养殖模式，通过进一步规范发展，年可增产 10 万吨。珠江三角洲塘鱼产区产量也不少，沿海、内陆平原区约有 30 多万亩鱼塘仍处于传统性生产，产量低、品种少，今后通过市场导向，将粤西地区养殖模式转移过来，建立罗非鱼外向型养殖基地，年产量可超过 20 万吨。据估算，珠江三角洲、沿海平原区可年增产罗非鱼 20 万~30 万吨，加上目前 30 万吨，年罗非鱼产量可达 50 万~60 万吨。

目前广东省罗非鱼养殖中颗粒料和膨化料均占据一定的市场，不同地区的养殖习惯都会影响养殖户对饲料的最终选择。例如虽然高州和化州距离不远，但高州以使用沉水料为主，其中又以石鼓镇为分界线，石鼓以南又有一定的膨化料市场，而石鼓以北则全部是硬颗料市场。化州的养殖户对 30％～32％蛋白含量的膨化料则较为认可。

因为膨化饲料可以提高饲料中淀粉的糊化度，从而提高罗非鱼对饲料中能量的利用能力，所以使用膨化饲料的饲料系数为1.2～1.5，而使用颗粒饲料则为 1.8 左右。每亩水面投苗 3 000 尾，鱼苗每尾 0.15 元，对于小规格的罗非鱼来说，饲料养殖成本不到 2 元，但是对于 0.8 千克规格的鱼来说，需要 1.25 元/千克的饲料成本。平均来说，加上苗种、塘租、水电等成本，每养 0.5 千克罗非鱼，饲料成本大概为 2 元，综合成本为 2.8～3 元。

（3）生鱼料。目前广东主要的生鱼养殖区域有中山（三角）、顺德（杏坛、勒流、龙江）、南海（西樵）等地，共有约 1 万亩水面。在生鱼养殖面积维持不变的情况下，推算整个市场饱和容量为 5 万～6 万吨。其中顺德市场生鱼养殖面积为 7 000～8 000 亩，生鱼饲料的销售量约 2 万～3 万吨。亩产 3 000～6 000 千克，在前期仍然使用冰鲜伴喂，但在养殖中后期基本上都是使用膨化饲料。

池塘养殖生鱼的产量较高，一般在 2 500～5 000 千克，平均亩产 4 000 千克。如果使用膨化饲料，在春节前出售，饵料系数为 0.9～1.3，养殖每 500 克生鱼的饲料成本为 4.2 元。2005 年冰鲜价格比往年贵，平均 1.3 元，最贵的时候甚至达到了 1.6～1.7 元，用冰鲜养殖生鱼，饲料系数一般为 4 以上，饵料成本为 5 元左右。

使用膨化饲料养殖生鱼具有明显的成本优势。另外，随着冰鲜资源的减少，这种成本优势将越来越明显。只要生鱼收购渠道和价格稳定，生鱼膨化饲料将具有良好的市场前景。也有养殖户投诉虽然冰鲜会带来病害等养殖风险，但使用膨化饲料养殖的生鱼上市时间要比使用冰鲜养殖的生鱼迟 10 天至半个月。另外，体形和诱食性方面（易出现"吐料"现象）也有不尽如人意的地方。如何在保持膨化饲料成本优势的前提下，继续提高生鱼饲料的养殖效果，将是饲料厂家需要面对的重要课题。

（4）海鲈料。海鲈养殖主要集中在珠海市斗门区白蕉镇，整个白蕉镇有 10 000 亩养殖面积，主要养殖品种为花鲈（七星鲈）。

以前海鲈的养殖主要是以冰鲜为主，虽然生长迅速，营养性疾病少，但是劳动强度大，并由此带来了水质恶化、病害等问题，因此逐渐接受了使用膨化饲料的养殖方法。使用膨化饲料养殖鲈鱼，平均每包饲料（20 千克）一般可长 12.5～15 千克。按照当地养殖户的介绍推算，该村养殖鲈鱼的平均饲料系数为 1.4，养殖每 500 克花鲈饲料成本为 5 元左右。该村 3 800 亩水面，亩产 3 000 千克鲈鱼，每年鲈鱼饲料的需求量约 1 万吨，整个斗门鲈鱼膨化饲料需求量在 2 万～3 万吨。

（5）海水鱼料。据了解，广东省海水鱼养殖产量大约达到 30 万吨，占全国的 40%左右，海水鱼膨化饲料有了很快的发展。海水鱼膨化饲料行业成为饲料行业发展的又一个亮点，将步入一个崭新的发展阶段。

（6）蛙料。牛蛙养殖主要集中在粤东的潮州（饶平）、汕头（澄海）地区，清远及广州郊区、粤西地区有少量分布。牛蛙生长速度比较快，一般幼蛙（体重 10～20 克）养殖 3～5 个月后体重可达 300～500 克，可作商品蛙出售，最大个体可达 1 200 克。一般每平方米每季净产量约 35 千克，饲料系数 0.8～1.1。2007年整个粤东销量大概 3.6 万吨。

虎纹蛙养殖除广东外，海南也有养殖。海南一般每年 2～3 季，主要集中在大致坡至文昌地区，总共 600 多亩，一般每平方米每季净产量约 25 千克，饲料系数 0.9～1.2。虎纹蛙的价格波动很大，2007 年价格范围在 4～26 元/千克。

（7）其他。部分区域还有其他品种使用水产膨化饲料，如南美白对虾、黄颡鱼、加州鲈、尖吻鲈、太阳鱼、黄鳝、翘嘴红鲌、塘虱、蓝子鱼、鲫鱼、鳊鱼、乌龟、甲鱼、鳗鱼等。其中黄颡鱼养殖面积近两年扩大迅速，膨化饲料销量大概在 2 万吨，主要集中在佛山（顺德、南海）、江门（新会）地区。

膨化沉性虾料目前表现在个别品牌，只是集中在广东的局部区域，市场占有率极小。目前大部分企业在配方结构上没有大的变革时都会遵从现有效果体现，不会轻易调整，但其技术上的先进性（粉尘少、水污染少）值得关注。

水产配合饲料进行膨化后，可以提高动物对淀粉的消化利用率，能在水中保持较好的稳定性。此外，挤压膨化对物料有杀菌脱毒作用，从而拓宽了水产饲料对饲料原料的利用范围。虽然膨化饲料加工成本比普通硬颗粒饲料高，但它可利用更多的廉价原料，减少黏合剂、防霉剂的用量，饲料利用率较高，如有一定的生产规模，其综合成本并不一定比普通颗粒饲料高。相信随着技术的进步和市场的推广，水产膨化饲料将以其独特魅力占有更广阔的市场，促进水产养殖业的健康发展。

对于广东市场来说，很多企业初期在膨化饲料上采取的销售政策主要是根据利润来定价格，这就导致膨化饲料的品质难以提高。随着竞争的加剧，膨化饲料市场必然会经历一个品质提高的过程，也就是从价格竞争转为质量竞争的过程，同时也会慢慢对市场进行规范，逐渐形成良性竞争的局面，对整个行业的发展有着积极的意义。

另外，在广东省 100 万吨的市场需求量方面，有相当大一部分可以使用膨化饲料，而现在仍然用硬颗粒料、粉状饲料、冰鲜鱼等。开发这些养殖品种的膨化饲料，无疑是今后市场推广工作的重点。

99. 青鱼养殖模式有哪几类？效益有何不同？

不同省份的养殖青鱼模式都各不相同，因浙江和湖北两省养殖青鱼量比较大，本文以浙江和湖北省为例，简要介绍青鱼养殖模式及生产效益。

（1）浙江青鱼养殖模式。浙江青鱼养殖主要有 3 种模式：精养小青鱼；精养大青鱼；小青鱼和大青鱼混养。这三种模式中，以小青鱼、大青鱼混养模式最为常见。

① 精养小青鱼模式。该养殖模式的特点是青鱼养殖周期短（10个月左右），投入成本相对较少，利润也是三种模式中最少的。养殖户开春后放养规格20～30尾/千克的苗种，元旦前后或春节后出鱼，卖给养殖商品鱼的养殖户（表4-12）。

表4-12 精养小青鱼模式

放养品种	数　量	规　格	说　明
小青鱼	800～1 000尾/亩	20～30尾/千克	当年3月放苗，年底平均重1.25～1.5千克/尾，炮头重2～2.5千克；元旦前后出鱼卖给成品鱼养殖户
白鲢	15千克/亩左右	20～30尾/千克	春暖后放苗
花鲢	7.5～10千克/亩	20～30尾/千克	春暖后放苗

② 精养大青鱼模式。该养殖模式下的青鱼养殖周期也在10个月左右，特点是投入成本较大（苗种和饲料），养殖中死亡率高，但经济效益是最高的。饲养大青鱼的池塘一年一干塘，养殖户通过购买规格在1.5～2.5千克/尾的小青鱼作为鱼种饲养（表4-13）。

表4-13 精养大青鱼模式

放养品种	数　量	规　格	说　明
大青鱼	200～250尾/亩	均重3.5斤/尾	当年元旦前后卖鱼，出售规格5千克/尾以上，但青鱼死亡率较高
白鲢	15千克/亩左右	20～30尾/千克	春暖后放苗
花鲢	7.5～10千克/亩	20～30尾/千克	春暖后放苗

③ 小青鱼和大青鱼混养模式。这种混养模式在浙江最常见。放养大规格青鱼种苗（1～1.75千克/尾）后，放养一定数量的小规格青鱼种苗（5～7.5尾/千克）。这种放苗的好处是大规格

鱼种当年可以出售商品鱼，小规格鱼种可以作为明年饲养鱼种，不但可以取得一定的利润，也减少了明年购买青鱼鱼种的资金投入，降低了养殖成本和风险（表4-14）。

表4-14 小青鱼和大青鱼混养模式

放养品种	放养数量	规　格	说　明
大青鱼	150～200 尾/亩	均重 1.75 千克/尾	3 千克/尾以上起卖，3～4 千克/尾为一个价格，4 千克/尾以上为一个价格
小青鱼	5～15 千克/亩	20～30 尾/千克	春节后补充鱼苗，年底均重 1.75 千克左右
白鲢	15 千克/亩左右	20～30 尾/千克	春暖后放苗
花鲢	7.5～10 千克/亩	20～30 尾/千克	春暖后放苗

④ 浙江青鱼饲料档次及效果表达对比分析。浙江青鱼饲料可以分为两种：一是膨化饲料，二是颗粒沉料。颗粒沉料的档次接近草鱼颗粒料或略高一点，蛋白主要集中在 28%～30%；膨化青鱼料是高档料，蛋白主要集中在 33%～34%。

青鱼膨化饲料的高油脂含量是区别青鱼沉料的主要特性之一（表4-15）。从青鱼膨化料的脂肪水平来看，浙江青鱼膨化料的脂肪水平也越做越高，从起初的 4%～5% 到现在的 6%～9%。

表4-15 青鱼膨化料与沉料档次对比（%）

项目	膨化青鱼料	青鱼沉性料
赖氨酸	≥1.7	≤1.6
蛋氨酸	≥0.7	≤0.6
蛋白	32～36（标签值）	28～32（标签值）
油脂	7～9	4～6

最近这几年，青鱼膨化饲料占据了青鱼饲料的主导地位。这主要是因为使用膨化青鱼饲料后能够缩短青鱼上市时间，生长速度

快,饵料系数低。青鱼膨化饲料和青鱼沉料的效果对比见表 4 - 16。

表 4 - 16 青鱼膨化料与沉料饵料系数、生长周期及出鱼规格对比

项目	膨化青鱼料	青鱼沉性料
饵料系数	1.6～1.8	3.2～3.6
养殖周期(苗种 20～24 尾/千克)	2 年时间	2～3 年时间
出鱼规格	4 千克以上	4 千克以上
亩产量	850～1 150 千克	700～900 千克

⑤ 青鱼养殖成本及饵料系数分析。浙江青鱼养殖户(包括经销商)对青鱼的终端效果是只要不高于 4.5 包(4.5 包饲料出50 千克鱼)都认为是好饲料。从 2011 年和 2012 年整年出鱼效果来看,出鱼饵料系数有高有低,好的 1.6,差的 2.0 或者更高(浙江饵料系数算法是 1 千克沉料=0.5 千克膨化饲料)。

其实不管是青鱼饲料还是黄颡鱼饲料、草鱼饲料等,在终端养殖户眼里看到的并不是你的饲料效果表现如何出色,而是在乎饲料厂家生产的饲料在保证良好出鱼效果的前提下保证好饲料的品质不变。笔者通过长期终端走访发现,并不是通威青鱼膨化饲料效果如何特别,而是它在养殖户眼里已经形成了品质稳定的代名词。

(2) 湖北青鱼养殖模式。

① 湖北青鱼养殖模式。湖北青鱼放养模式总体和浙江差不多,主要区别是浙江青鱼养殖逐渐接近精养,青鱼放养密度较高,而湖北青鱼养殖还会套样大量的鲫鱼或鳊鱼,青鱼放养密度相对较少。

② 小青鱼养殖模式。湖北小青鱼养殖户中,精养小青鱼的不多,一般都会和鲫鱼、鳊鱼或者草鱼进行套样。湖北仙桃通海口镇有上千亩小青鱼养殖户,通过对他们养殖模式的总结,可以粗略地看出湖北其他区域的小青鱼放养模式(表 4 - 17)。

表 4-17 湖北小青鱼养殖模式

放养品种	数 量	规 格	说 明
小青鱼	300~600 尾/亩	20~30 尾/千克	当年 3 月放苗,年底均重 1~1.25 千克/尾,元旦前后或春节后出鱼卖给成品鱼养殖户
鲫鱼	150~200 尾/亩	20 尾/千克	春暖后放苗
鳊鱼	50~100 尾/亩	20~30 尾/千克	春暖后放苗
白鲢	10 千克/亩	20~30 尾/千克	春暖后放苗
花鲢	2.5~5 千克/亩	20~30 尾/千克	春暖后放苗

注:鲫鱼、鳊鱼的套养量不同养殖户会有一定的差异,一般分主套养品种、次套养品种,次套养品种放养量很少。

湖北小青鱼养殖不使用膨化饲料,以放养规格在 20 尾/千克左右的青鱼为例,年底均重 1 千克左右,炮头 2 千克以上几乎没有。

③ 大青鱼养殖模式。湖北大青鱼养殖模式与浙江养殖模式相比其放养青鱼密度不足浙江放养密度的一半,在出售青鱼规格上也不如浙江青鱼。湖北大青鱼养殖模式见表 4-18。

表 4-18 湖北大青鱼养殖模式

放养品种	数 量	规 格	说 明
大青鱼	100~150 尾/亩	平均 1.5 千克/尾	养殖户直接从小青鱼养殖户购买青鱼鱼种,经过 10 个月左右养殖,出售商品鱼
鲫鱼	150~200 尾/亩	18~20 尾/千克	春暖后放苗
鳊鱼	30~50 尾/亩	18~20 尾/千克	春暖后放苗
白鲢	30~50 尾/亩	18~20 尾/千克	春暖后放苗
花鲢	100~150 尾/亩	18~20 尾/千克	春暖后放苗

④ 大小青鱼混养模式。大小青鱼混养模式的经济效益低于大青鱼饲养模式,但可减少养殖户购买青鱼鱼种的资金投入(表 4-19)。

表 4 - 19　湖北大小青鱼混养模式

放养品种	数　　量	规　　格	说　　明
大青鱼	100～150 尾/亩	平均 1.25 千克/尾	4 千克以上开始出售
小青鱼	50～100 尾/亩	18～20 尾/千克	做为来年鱼种
鲫鱼	100～150 尾/亩	18～20 尾/千克	春暖后放苗
鳊鱼	30～50 尾/亩	18～20 尾/千克	春暖后放苗
白鲢	30～50 尾/亩	18～20 尾/千克	春暖后放苗
花鲢	100～150 尾/亩	18～20 尾/千克	春暖后放苗

⑤ 湖北青鱼饲料档次对比分析。湖北青鱼养殖以颗粒沉料为主，其营养水平比浙江青鱼颗粒沉料要高很多，主要集中在 32%蛋白终端售价比浙江高出 1400 元/吨。从氨基酸检测指标来看，湖北青鱼沉料配方中动物性蛋白明显高于浙江青鱼沉料。2011 年湖北某水产饲料公司开始在黄冈、仙桃等区域推广青鱼膨化饲料，2015 年在湖北荆州、东西湖、仙桃等地已经有湖北加益加、裕泰、海大、展翔四家饲料厂在推青鱼膨化饲料。湖北青鱼膨化饲料与青鱼颗粒沉料之间营养档次对比见表 4 - 20。

表 4 - 20　湖北青鱼膨化料与沉料档次对比（%）

	膨化青鱼料	青鱼沉料
赖氨酸	1.65～1.7	1.6～1.65
蛋氨酸	0.65～0.7	0.6～0.65
蛋白	32（标签值）	32（标签值）
油脂	7～9	4～6

由表 4 - 20 可以看出，湖北青鱼膨化饲料配方优势相对青鱼沉料来说并不明显，仅仅在油脂这一项明显比颗粒沉料高。所以在湖北市场，青鱼膨化饲料的饵料系数并不像浙江青鱼市场那样明显低于颗粒沉料，这也是湖北青鱼膨化饲料推广较慢的原因之一。综合 2011 年和 2012 年青鱼膨化饲料终端效果与颗粒沉料终

端效果的区别如表 4 - 21。

表 4 - 21　湖北青鱼膨化料与沉料饵料系数、生长周期及出鱼规格对比

项　目	膨化青鱼料	青鱼沉性料
饵料系数	1.8～2.0	2.3～2.5
养殖周期（苗种 20～24 尾/千克）	2 年时间	2 年时间
出鱼规格	5 千克以上	4 千克以上
亩产量	700～900 千克	550～750 千克

⑥ 湖北青鱼膨化饲料和沉料终端效果对比。由表 4 - 22 可知：精养模式利润大于混养模式；使用膨化料青鱼生长速度大于沉料。

表 4 - 22　湖北青鱼沉料与青鱼膨化料效果对比

彭先生（余吉村）		周女士（南湖二队）	
饲料类型	青鱼膨化料为主	饲料类型	青鱼沉料
2011 年放养模式（18 亩）		2011 年放养模式（22 亩）	
大青鱼	3 300 尾（平均 1.3 千克/尾）	大青鱼	1 900 尾（平均 1.75 千克/尾）
小青鱼	2 000 尾（平均 20 尾/千克）	小青鱼	2 000 尾（平均 20 尾/千克）
鳊鱼	无	鳊鱼	175 千克（平均 20 尾/千克）
鲫鱼	无	鲫鱼	175 千克（平均 20 尾/千克）
2011 年出鱼量		2011 年出鱼量	
大青鱼	14 500 千克	大青鱼	7 500 千克
小青鱼	3 000 千克	小青鱼	2 500 千克
鳊鱼	无	鳊鱼	1 500 千克
鲫鱼	无	鲫鱼	1 500 千克
总产量	17 500 千克	总产量	13 000 千克
饲料总用量	膨化料 14.5 吨、沉料 21 吨	饲料总用量	34 吨青鱼沉料
净利润	9.9 万元	净利润	3 万多元

100. 黄颡鱼养殖模式有哪几类？效益有何不同？

本文以湖南、湖北养殖模式和华东片区黄颡鱼养殖模式做对照，分析这两种模式和生产效益的不同。

（1）湖北、湖南黄颡鱼养殖模式。由以下湖南、湖北经典养殖模式可知，湖北黄颡鱼精养模式下，亩产量可达 500～750 千克，饲料系数 1.2～1.5；湖南黄颡鱼精养模式下，亩产量可达 1 075 千克，饲料系数 1.25。

湖北黄颡鱼养殖模式：放苗密度 1 万尾/亩（10 万尾/亩），放苗规格 400 尾/千克（水花），养殖周期 8～12 个月，亩产量 500～750 千克，饲料系数 1.2～1.5。

湖南黄颡鱼养殖模式分析：养殖面积 6 亩（湖南草尾），放苗规格约 620 尾/千克，放苗时间 2014 年 5 月 3 日，出鱼时间 2014 年 12 月 7 日（第一次出鱼），出售黄颡鱼 650 千克，出鱼时间 2015 年 5 月 13 日（第二次出鱼），出售黄颡鱼：2 600 千克，出鱼时间 2015 年 7 月 28 日（第三次出鱼），出售黄颡鱼：2 450 千克，干塘时间 2015 年 7 月 30 日，干塘黄颡鱼 750 千克，饲料使用量 7.8 吨，总计出鱼 6 450 千克，饲料系数 1.25，亩产量 1 075 千克，亩效益 6 800 元（不含花白鲢效益）。

（2）华东黄颡鱼养殖模式。华东区黄颡鱼养殖模式相对简单，分为精养模式和混养模式（表 4-23，表 4-24）。

表 4-23　黄颡鱼精养模式（小规格）

品种	规格（尾/千克）	放养密度（尾/亩）	起捕规格（千克/尾）	实际亩产量（千克）
黄颡鱼	400～600	1 万～1.5 万	0.1	800～1 000
白鲢	16～30	30	1.5	35～45
花鲢	16～30	10	1.5	10～15
总计				845～1060

注：全程使用膨化饲料，蛋白质含量 40%～42%；黄颡鱼养殖周期不到 1 年，饲料系数 1.3～1.5；黄颡鱼炮头在 150 克/尾以上，约平均规格在 100 克/尾（平均规格不包小鱼）。

表 4 - 24　黄颡鱼精养模式（大规格）

品种	规格 （尾/千克）	放养密度 （尾/亩）	起捕规格 （千克/尾）	实际亩产量 （千克）
黄颡鱼	40～80	1 万	0.125	850～1 050
白鲢	16～30	30	1.5	35～45
花鲢	16～30	10	1.5	10～15
总计				895～1 110

注：全程使用膨化饲料，蛋白质含量 40%～42%；该养殖模式放养苗种规格偏大，养殖周期 1 年以上，饵料系数 1.6～1.8；黄颡鱼炮头在 200 克/尾以上，平均规格 125 克/尾（平均规格不包小鱼）。

（3）黄颡鱼＋白鱼养殖模式（表 4 - 25）。

表 4 - 25　黄颡鱼＋白鱼套养模式

品种	规格 （尾/千克）	放养量 （尾/亩）	起捕规格	实际亩产量
黄颡鱼	60～90	8 000	0.075 千克/尾	600 千克
白鱼	40～80	1200	0.5 千克/尾	550 千克
白鲢	20～30	30	1.5 千克/尾	45 千克
花鲢	20～30	10	1.5 千克/尾	12.5 千克
总计				1207.5 千克

（4）黄颡鱼养殖效益分析（表 4 - 26）。

表 4 - 26　黄颡鱼养殖效益分析

费用（元，以 500 克计）	华南区	华东区	华中区
苗种	0.8	0.8	1.0
塘租	0.5	1.2	0.3
电费	0.2	0.1	0.1
人工、药费	0.4	0.1	0.2

（续）

费用（元，以 500 克计）	华南区	华东区	华中区
饲料成本	6.3~7.5	5.1~6.0	4.5~5.1
合计	8.2~9.4	7.3~8.2	6.1~6.8
若每 500 克均按 10 元计算			
养 500 克黄颡鱼利润	0.6~1.8	1.8~2.7	3.2~3.9
亩产量（千克）	2500	1 000	500
净利润（元/亩）	3 000~9 000	3 600~5 400	3 200~3 900

参 考 文 献

黄峰 . 2011. 水生动物营养与饲料学 . 北京：化学工业出版社 .

李爱杰 . 1996. 水产动物营养和饲料学 . 北京：中国农业出版社 .

刘德芳 . 1998. 配合饲料 . 北京：中国农业出版社 .

美国科学院国家研究委员会 . 2015. 鱼类与甲壳类营养需要 . 麦康森，李
　　鹏，赵建民，译 . 北京：科学出版社 .

叶元土 . 2013. 鱼类营养与饲料配制 . 北京：化学工业出版社 .

Ekhard E，Zinegler L J，Filer J R. 1999. 现代营养学 . 闻芝梅，陈君实，
　　译 . 北京：人民卫生出版社 .

图书在版编目（CIP）数据

膨化饲料配制及使用技术 100 问／郜卫华，许巧情，曹志华编著 . —北京：中国农业出版社，2016.10（2020.4 重印）
（新农村建设百问系列丛书）
ISBN 978 - 7 - 109 - 22231 - 1

Ⅰ. ①膨…　Ⅱ. ①郜…　②许…　③曹…　Ⅲ. ①水产养殖-饲料-问题解答　Ⅳ. ①S963 - 44

中国版本图书馆 CIP 数据核字（2016）第 251253 号

中国农业出版社出版
（北京市朝阳区麦子店街 18 号楼）
（邮政编码 100125）
责任编辑　郭银巧　杨天桥
———————————
中农印务有限公司印刷　新华书店北京发行所发行
2016 年 10 月第 1 版　2020 年 4 月北京第 2 次印刷
———————————
开本：850mm×1168mm　1/32　印张：6.25
字数：150 千字
定价：30.00 元
（凡本版图书出现印刷、装订错误，请向出版社发行部调换）